KB260352

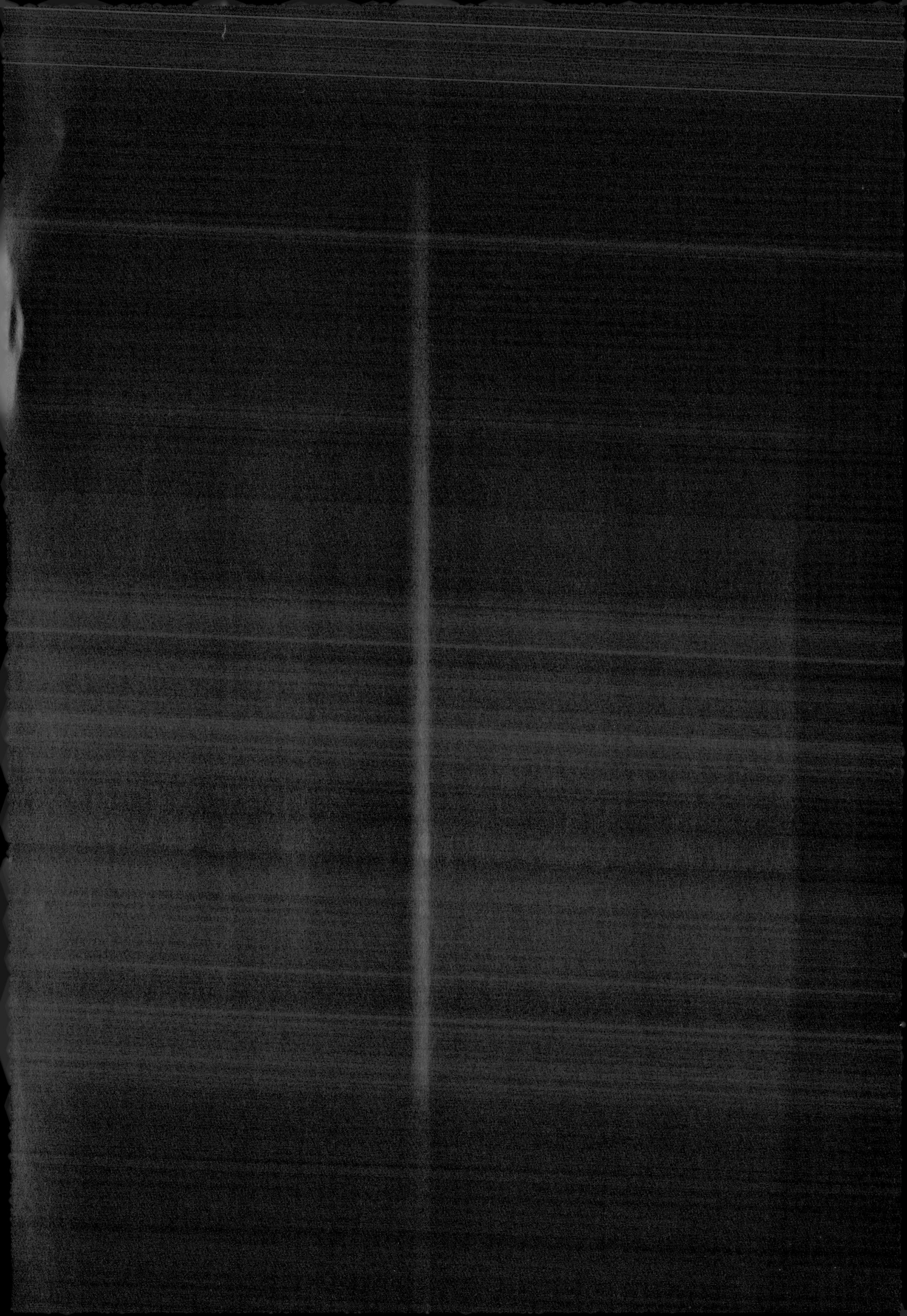

손질부터 굽기까지
재료별 숯불구이의 비밀

굽기의
기술

오쿠다 도루 지음 | 용동희 옮김

GREENCOOK

숯불의 향은 최고의 조미료

나에게 있어서 '구이'는 숯불구이 외에는 생각할 수 없다. 숯은 굽기에 있어서 가장 큰 무기이다. 숯불로 구운 것과 다른 방법으로 구운 것을 비교했을 때 그 차이는 확연히 드러난다. 재료 자체에서 빠져나온 기름에 의해 만들어지는 숯불의 훈연향은 그 무엇과도 바꿀 수 없는 조미료이다. 이것이 숯불구이의 가장 큰 매력이다.

디지털화가 진행되고 있는 지금이야말로 이 매력적이고 심플하며 지극히 아날로그적인 기술의 장점을 재확인하고, 보다 널리 전파해야 한다는 생각에서 이 책을 만들었다. 숯불의 독특한 향, 익히는 방법, 식감은 다른 도구로는 도저히 표현할 수 없다. 숯불구이의 기술은 일본요리의 중요한 기술로 제대로 인정받아야 한다. 그런 이유에서 지금까지 설명하기 힘들었던 경험과 감각의 세계를 사진과 숫자로 명확하게 표현하는 일에 도전하게 되었다.

서양요리에서 구이는 프라이팬이나 오븐을 이용하여 간접적으로 굽는 것이 대부분이지만, 일본요리에서는 프라이팬을 사용하지 않고 직접 굽는 것이 많다. 프라이팬에 구울 때는 어떤 종류이든 오일을 사용하기 마련인데, 재료에 오일의 맛이 확실히 더해지지만 먹고 난 다음에도 입안에 오일의 맛이 남게 된다.

그에 비해 숯불구이는 어떠한 오일도 사용하지 않고, 재료에서 나오는 기름이 숯에 떨어져서 생긴 훈연향이 더할 나위 없는 조미료가 된다. 닭꼬치나 불고기도 숯불로 굽는 것이 가장 맛있다. 이런 독특한 향과 바삭하고 고소한 맛, 그리고 부드러운 식감을 가진, 게다가 건강에도 좋은 요리방법이 세계에 널리 알려진다면 얼마나 좋을까.

숯을 만들 재료와 경험자의 부족이라는 여러 가지 문제가 있지만, 이 훌륭한 기술은 정확하게 전달되어야 한다고 생각한다.

이 책에서는 주재료인 어패류와 육류를 중심으로, 손질부터 굽기까지 숯불구이의 모든 과정을 자세히 설명하였다. 과연 생각만큼 숯불구이의 매력이 충분히 전달될지 궁금하다. 이 책을 통해 굽기가 더욱 발전하고, 앞으로 일본요리의 발전에도 도움이 된다면 기쁘겠다.

긴자 코주 오쿠다 도루

장어 가바야키   장어구이
다진 초피잎   꽈리고추
고구마조림   굵은 소금
양하초절임
초피가루

CONTENTS

1

굽기의 기본 기술

2

어패류

3

육류와 채소

삼치 유안야키
죽순 양념구이
설로인 소금구이
　머위꽃대 튀김과 참깨 페이스트
　누에콩튀김
　달래튀김
　머위잎조림
　무 간 것과 와사비

꼬치고기 송이말이구이
구운 밤
은행튀김
생강대 초절임

새끼은어 소금구이

3장뜨기 산마이오로시. 생선의 머리를 떼고 등뼈를 따라 칼집을 내서 뼈와 2조각의 살로 나누는 방법.

가바야키(蒲焼き) 뱀장어·붕장어 등의 뼈를 바르고 토막을 낸 다음, 꼬치에 꽂아서 양념을 발라 굽는 것. 또는 그렇게 구운 요리.

고시미소(こし味噌) 콩이나 쌀 알갱이를 곱게 으깨서 만든 미소. 부드럽고 맛이 진하다.

고이쿠치(濃口) 간장 색이 진한 일반 간장.

기즈(生酢) 조미료 등을 섞지 않은 순수한 식초.

니반다시(二番だし) 한 번 국물을 우려낸 재료에 다시 물을 붓고 끓여서 우려낸 국물. 조림요리 등에 사용한다.

다마리(たまり) 간장 약간의 단맛이 있고 특유의 향을 가진 진한 간장. 요리에 사용하면 깊은 맛이 난다.

다마미소(玉味噌) 시로미소에 달걀노른자, 청주, 맛술 등을 넣고 가열해서 만든 것.

다타키(たたき) 재료를 잘라 꼬치에 꽂은 다음 겉면만 불로 살짝 굽는 것. 또는 그렇게 구운 요리.

대류전열 대류를 통해 열이 이동하는 것.

덩어리 자르기 사쿠도리. 손질한 생선살에서 검붉은 살(지아이)과 껍질 등을 잘라내고, 덩어리로 나눠서 모양을 다듬는 방법.

데리야키(照り焼き) 간장을 기본으로 한 달콤한 양념을 재료에 바르면서 굽는 것. 또는 그렇게 구운 요리.

등가르기 세비라키. 생선의 등을 갈라 배쪽의 껍질을 자르지 않고 여는 방법.

뜬숯 피었던 참숯을 다시 꺼놓은 숯.

모미지오로시(紅葉下ろし) 무와 홍고추를 강판에 간 것.

배가르기 하라비라키. 생선의 배를 갈라서 여는 방법.

복사전열 복사에 의해 열이 이동하는 것.

시라야키(白焼き) 생선에 소금이나 간장을 치지 않고 그대로 굽는 것. 또는 그렇게 구운 요리.

시로쓰부미소(白粒味噌) 콩이나 쌀 알갱이가 남아 있는 색이 연한 미소. 생선을 절일 때 많이 사용한다.

시메사바(締鯖) 3장뜨기한 고등어를 소금과 식초로 절인 것. 회로 먹거나 스시를 만들 때 사용한다.

시즈히터 금속 보호관에 전열선을 코일 모양으로 내장하고 절연 분말인 산화마그네슘을 넣어 함께 충전하여, 열선과 보호관을 절연한 관 모양의 히터.

쓰마오리쿠시(つま折り串) 얇은 생선살이 지나치게 구워지는 것을 막기 위해 양쪽 또는 한쪽을 둥글게 구부려서 꼬치를 꽂는 방법.

아부리(あぶり) 불을 쬐어서 탄 자국이 남을 정도로 살짝 굽는 것. 또는 그렇게 구워서 만든 요리.

아오요세(青寄せ) 시금치 등의 녹색 잎채소를 갈아서 만든 색소.

오니가라야키(鬼殻焼き) 대하(大蝦)나 참새우를 껍질째 구운 것.

오장뜨기 후시오로시. 3장뜨기로 손질한 생선살을 각각 배와 등으로 나누는 방법.

우스쿠치(薄口) 간장 옅은 빛깔과 진한 맛을 가진 간장. 고이쿠치 간장보다 염분 농도가 높다.

유안야키(幽庵焼き) 간장에 청주, 맛술, 유자 등을 넣어 만든 유안지 속에 재료를 담가 굽는 것. 또는 그렇게 구운 요리.

유안지(幽庵地) 간장에 청주, 맛술, 유자 등을 넣어 만든 양념.

유자후추 고추와 유자껍질, 소금을 함께 갈아서 만든 양념. 일본 규슈 지방의 특산품으로, 이름에 후추가 들어간 것은 규슈지방에서 예로부터 고추를 고쇼(후추)라고 불렀기 때문이다.

전도전열 전도에 의해 열이 이동하는 것.

주자라메(中ざらめ) 설탕 굵은 황설탕. 결정이 그래뉴당보다 크고 황갈색을 띤다. 겉면에 캐러멜을 입혀서 풍미와 깊은 맛이 있으며, 조림이나 국물 등에 많이 사용한다.

초피나무 운향과에 속하는 나무로 어린잎은 식용하며, 열매는 약용 또는 향미료로, 열매의 껍질은 향신료로 쓴다. 열매는 매콤한 맛과 톡 쏘는 향이 특징인데, 우리나라보다 일본에서 육류와 생선요리에 많이 사용한다. 산초나무와 생김새가 비슷하고 일본에서는 초피를 山椒[산쇼]라고 부르는 것에서, 초피와 산초를 혼동하는 일이 많다.

흑모화우(黒毛和牛) 일본 재래종에서 순수 육용종으로 개량되어 사육되고 있는 일본산 육용종 소.

일러두기

이 책에서는 구울 때의 불세기를 각각의 과정사진에 대한 설명의 마지막 부분에 🔥와 함께 **1**에서 **10**까지의 숫자로 표시하였다. 이 숫자는 실제 온도를 측정한 것은 아니지만 숙련된 요리사의 감각을 바탕으로 가장 약한 불(약불 / 불세기 **1**)부터 가장 센 불(강불 / 불세기 **10**)까지 10단계로 나눠서 표시한 것이다. 숫자가 클수록 불세기가 센 것이므로 참고하기 바란다. 불세기는 숯을 달구는 방법뿐 아니라, 달군 숯을 쌓아올리는 방법 등으로 조절할 수 있다.

1

굽기의
기본 기술

재료를 준비하는 기술_생선/양념을 만드는 기술/숯
을 다루는 기술/숯불구이에 필요한 도구/소금구이
의 기본 기술_농어/유안야키의 기본 기술_삼치/재
료를 준비하는 기술_설로인/소금구이의 기본 기술
(휴지 2회)_설로인/소금구이의 기본 기술(휴지 없음)
_설로인/숯불의 매력에 대한 과학적 분석

재료를 준비하는 기술_생선

맛있게 굽는 비결

1 　크기가 큰 생선을 준비한다

생선을 맛있게 굽기 위해서는 무엇보다 크기가 큰 생선을 준비하는 것이 중요하다. 클수록 지방을 많이 함유하고 있으며, 육질도 실하기 때문이다. 또한 먹을 수 있는 부위도 많다.

　어획한 후의 유통경로에 따라 다르지만 일반적으로 시장을 통해 매장에 들어오면 이미 2일 정도가 지난 상태가 된다. 우리 매장에서는 생선을 통째로 들여와 손질한 다음 다시 2일 동안 두어서, 감칠맛이 충분히 숙성된 생선을 사용한다. 내장을 제거한 후에 자르지 않고 통째로 보관할 수 있는 환경이라면, 1일 정도 더 둘 수 있다. 단, 이 기간은 생선의 크기와 지방 함량에 따라 조금씩 달라진다.

2 　숙성시킨다

사진에서 위쪽은 막 손질을 마친 삼치이고, 아래쪽은 손질한 다음 2일 동안 냉장고에서 숙성시킨 삼치이다. 숙성시킨 삼치는 살에 붉은빛이 돌고 응축된 느낌이다. 참고로 유안야키에는 등쪽 살과 배쪽의 꼬리지느러미 주변 살을 사용한다. 배쪽의 머리에 가까운 부분의 얇은 살은 소금구이에 적합하다. 일반적으로 매장에서는 등쪽부터 사용한다.

굽 기 　속 　과 학

● 생선은 사후 10분 또는 수시간 이내에 경직이 일어나 몸 전체가 단단해진다. 경직은 생선 몸속의 글리코겐이 분해되어 젖산이 축적됨에 따라, pH는 낮아지고 ATP(아데노신3인산)가 감소되어 발생한다. ATP가 분해되면 IMP(이노신산)가 축적되는데, 이것은 생선의 중요한 감칠맛 성분 중 하나이다.

● 흰살 생선은 붉은살 생선에 비해 경직이 늦게 일어나고 경직시간도 길다. 경직 중에는 근육이 단단해져서 씹는 느낌이 좋다.

● 경직이 끝나면 생선 몸에 있는 효소에 의해 단백질 등이 분해(자기소화)되기 시작하고, 글루탐산 등의 아미노산이 늘어나 살이 부드러워진다. 이 과정을 숙성이라고 부른다. 크기가 큰 생선은 경직이 진행되는 동안 매우 단단해지기 때문에, 자기소화가 시작되는 숙성 초기가 되어야 적당히 부드럽고 감칠맛도 좋다. 그러나 자기소화가 시작되면 세균에 의한 부패도 진행되기 쉬우므로 주의해야 한다.

※ 굽기 속 과학 글쓴이_스기야마 구니코[杉山 久仁子], 요코하마 국립대학 교육인간과학부 교수

3   칼집을 낸다

일반적으로 생선구이는 껍질에 2~3개의 장식용 칼집을 낸다. 그런데 가로로 칼집을 내면 구울 때 껍질이 오그라들어 칼집 낸 부분이 찢어지기도 한다.

그래서 머리를 어슷하게 잘라낸 다음 그 선에 수직으로 칼집을 잘게 여러 번 낸다. 이렇게 칼집을 내는 것은 가열할 때 살이 수축되는 것을 막고 생선 껍질 밑에 축적된 지방이 빠져나오기 쉽게 만들어서, 튀기듯이 바삭하게 굽기 위해서이다. 또한 기름과 수분이 숯 위에 떨어져서 생기는 연기에 의해 생선에 훈연향이 배는 효과도 있다.

칼집을 어슷하게 내면 구울 때 살이 부풀어서 벌어지기 때문에, 빠져나온 기름이 바로 숯 위에 떨어지지 않고 고여 있게 된다. 기름이 껍질 주변에 고여 있는 동안 튀기듯이 구워지는 것이다.

오른쪽은 어슷하게 칼집을 내고, 왼쪽은 똑바로 칼집을 냈다.

구운 모습. 똑바로 칼집을 낸 왼쪽보다 어슷하게 칼집을 낸 오른쪽이 더 크게 부풀었다.

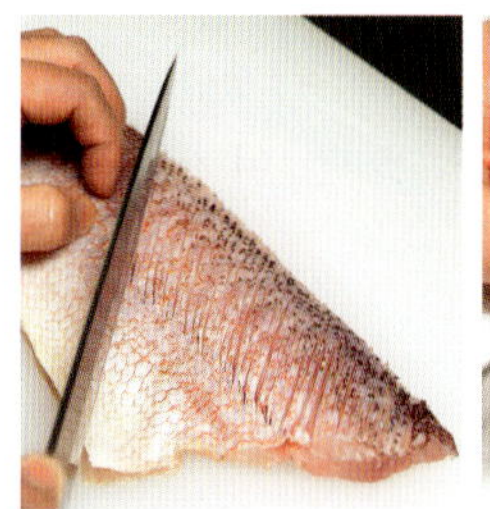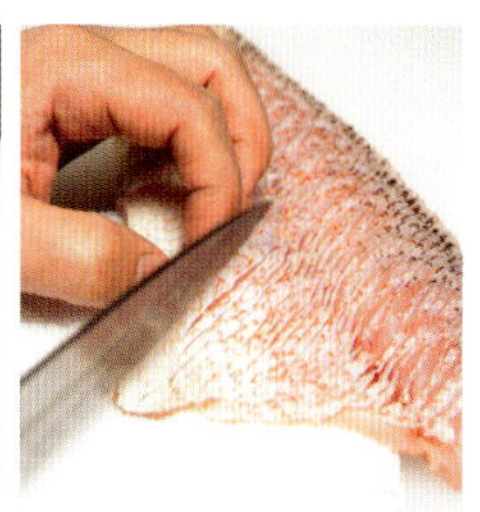

살이 얇은 부분에 면보 등을 받쳐서 높게 만들면 칼집을 내기 쉽다.

4   소금을 뿌린다

숯불에 재료를 구울 때는 굽기 전에 소금을 뿌리는데, 이것은 짠맛이 배게 하는 목적 외에 수분을 제거하는 효과도 있다.

보통은 굽기 30분 전에 소금을 뿌리지만, 은어 소금구이 등과 같이 굽기 직전에 소금을 뿌리면 다 구워진 다음에도 소금 알갱이가 그대로 남아 구운 색에 변화가 생기는 시각적 효과를 얻을 수 있다.

1 트레이에 밑간용 소금을 얇게 깐다.

2 껍질쪽이 아래로 가게 나란히 올린다.

굽 기 속 과 학

● 생선살 겉면에 소금을 뿌리면 짠맛이 배는 동시에 삼투압에 의해 탈수가 일어나 살이 단단해진다. 그런데 수분이 빠져나올 때 생선 비린내의 원인이 되는 수용성 트리메틸아민 등도 함께 나오기 때문에, 빠져나온 수분은 제거해야 한다. 소금이 배어드는 양은 생선 종류에 따라 다르며, 지방이 많은 생선은 천천히 배어든다. 또한 살에 소금을 뿌리는 것과 껍질에 뿌리는 것은 차이가 있는데, 껍질에 뿌린 소금은 잘 배어들지 않는다. 그래서 소금을 얇게 깔아놓은 트레이 위에 껍질쪽이 아래로 가게 올려서, 소금이 잘 배어들게 만드는 것이다. 시간이 지나면 소금이 살 속으로 잘 배어드는 동시에, 겉면의 탈수도 진행된다.

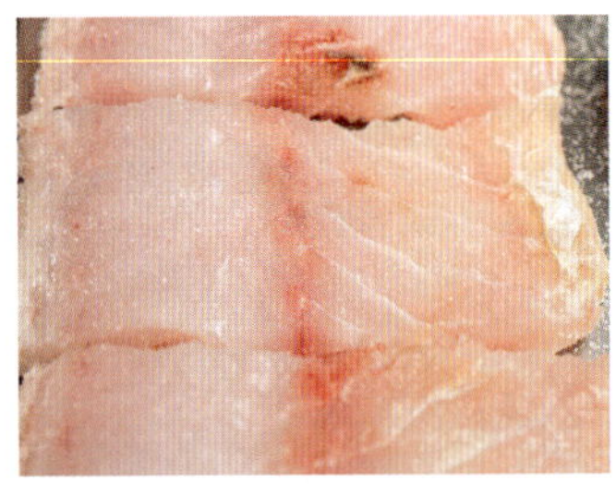

3 위에서 아래로 소금이 배어들기 때문에 위쪽은 소금을 조금 넉넉하게 뿌린다. 껍질 쪽이 위로 오면 껍질 때문에 소금이 살에 잘 배지 않는다. 30분 동안 상온에 두어 소금이 잘 배어들게 한다.

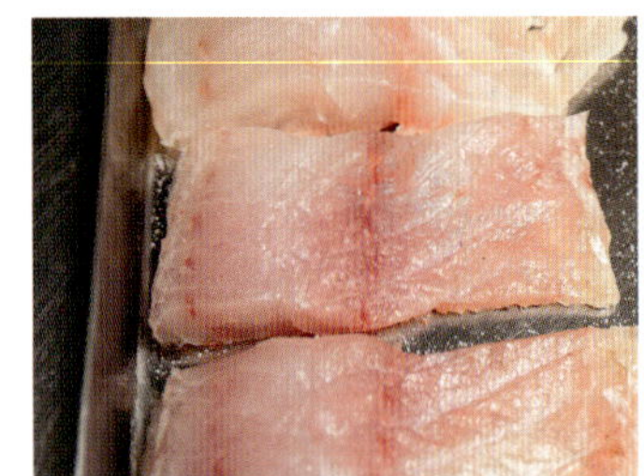

4 촉촉해지면 소금이 잘 밴 것이다.

5 꼬치를 꽂는다

일본요리에서 구이는 대부분 꼬치에 꽂아서 굽는다. 화로를 사용하기 때문에 망에 올려서 굽는 방법 외에는 꼬치를 꽂지 않으면 구울 수 없기 때문이다.

꼬치를 꽂을 때는 재료가 먹음직스럽게 보이도록 자른 생선살이나 통생선을 물결모양으로 구부려서 꽂는다. 자른 생선살의 경우 배쪽 살과 등쪽 살의 두께가 일정하도록 배쪽 살을 접어서 꽂기도 한다(쓰마오리쿠시).

꼬치는 살이 작은(얇은) 쪽부터 큰(두꺼운) 쪽을 향해 꽂는 것이 일반적이다. 여기서는 껍질을 벗긴 삼치로 예를 들어 설명한다.

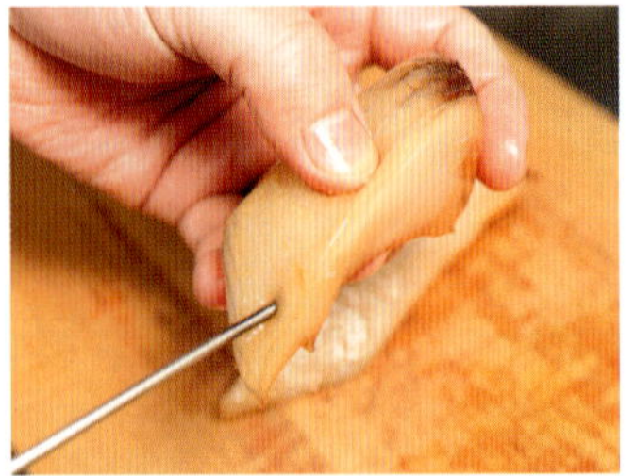

1 껍질쪽이 위로 오고 살이 얇은 쪽이 앞으로 오게 잡은 다음, 오른쪽에 꼬치를 꽂는다.

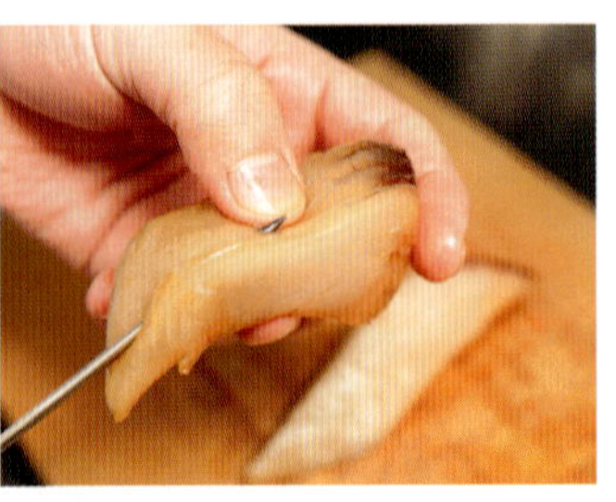

2 다음에 꽂을 위치를 엄지로 누르고, 살을 물결모양으로 구부려서 꼬치를 통과시킨다.

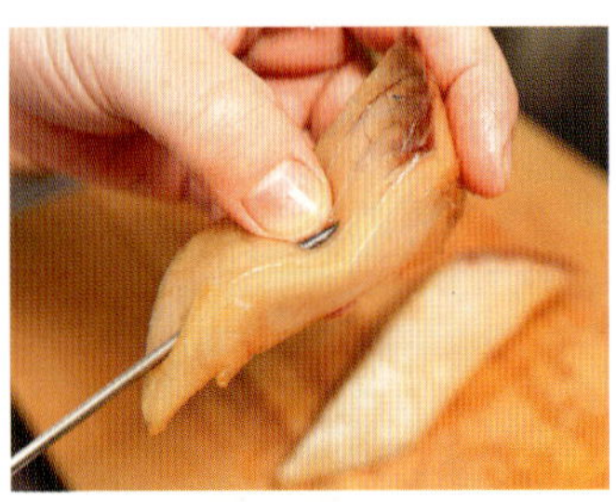

3 계속해서 꿰매듯이 꼬치를 꽂는다. 다음에 꼬치를 빼낼 위치에 검지를 댄다.

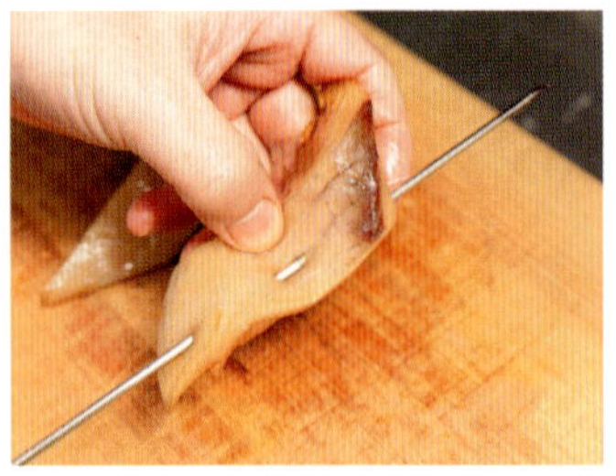

4 검지를 댄 쪽을 향해 꼬치를 똑바로 통과시킨다.

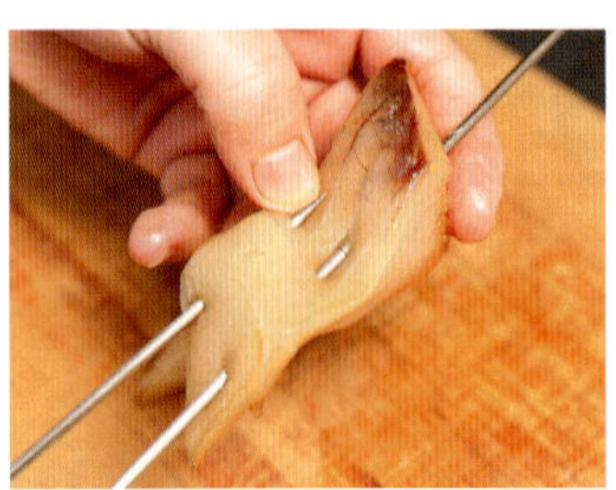

5 왼쪽도 같은 방법으로 오른쪽 꼬치와 평행하게 꽂는다.

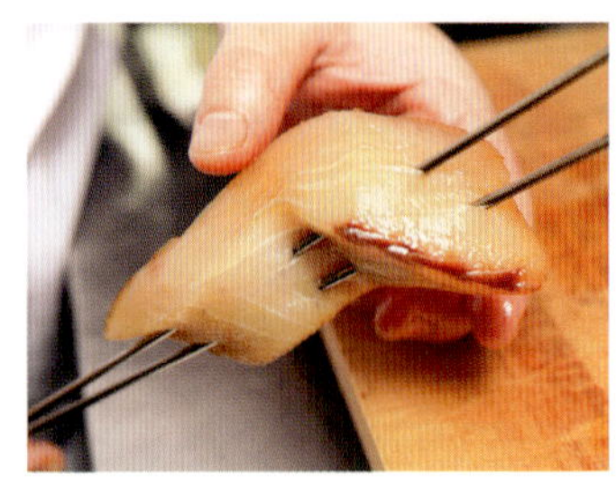

6 꼬치를 꽂은 삼치. 보기 좋게 휘어지도록 구부려서 꽂는다.

양념을 만드는 기술

유안지

유안지는 구이에 사용하는 대표적인 양념이다. 맛술, 청주, 고이쿠치 간장을 섞는 것이 일반적이지만, 배합은 생선의 종류와 지방 함유량 등에 따라 달라진다. 여기서는 2종류의 유안지 배합을 소개한다. 또한 유안지에 유자를 넣는 경우도 있다.

유안지를 만들 때는 재료를 섞기 전에 미리 맛술과 청주를 끓여서 알코올을 날린다. 생선을 재우는 동안 살 속에 알코올이 배어들면 구울 때 알코올을 제거해야 하므로, 미리 끓여서 알코올을 날리는 것이다.

또한 고이쿠치 간장은 청주와 맛술이 식은 다음에 섞는다. 뜨거울 때 섞으면 간장이 증발하여 맛이 진해지므로 주의한다.

유안지 A

맛술	5.4ℓ(3병)
청주	1.8ℓ(1병)
고이쿠치 간장	2.7ℓ(1.5병)

유안지 B (비율)

맛술	2
청주	1
고이쿠치 간장	1

1 큰 냄비에 청주를 붓는다.

2 맛술을 넣는다.

3 냄비 안쪽의 옆면을 면보로 닦는다. 닦지 않으면 가열할 때 옆면이 탄다.

4 강불로 끓여서 알코올을 날린 다음 불을 끈다. 불을 가까이 대도 옮겨붙지 않으면 된다. 그대로 식힌다.

5 식으면 간장을 넣는다. 뜨거울 때 넣으면 간장의 수분이 증발해서 맛이 진해진다.

6 완성된 유안지. 페트병에 옮기고 상온에 보관한다.

미소유안지

유안지	800cc
시로쓰부미소	300g

덧바르기 양념

유안지	800cc
시로쓰부미소	600g

1 유안지에 시로쓰부미소를 넣고 섞어서 미소유안지를 만든다.

2 덧바르기 양념도 유안지와 같은 방법으로 섞는데, 미소의 분량을 배로 늘려서 맛이 더 진하다.

장어양념

장어의 가운데뼈와 간으로 깊은 맛을 낸 장어양념. 가운데뼈는 구워서 사용하는 경우도 있지만, 매장에서는 요리의 맛과 장어의 감칠맛을 살리기 위해서 굽지 않고 사용한다. 뼈를 구우면 요리 전체에 고소한 맛이 증가해서 재료 고유의 맛이 가려진다.

또한 가운데뼈는 검붉은 살을 제거하고 냉동해서 필요한 분량이 될 때까지 모아두었다가 사용한다.

고이쿠치 간장	3.6ℓ(2병)
맛술	1.4ℓ
주자라메 설탕	2kg
다마리 간장	100cc
장어 가운데뼈	1kg
장어 간	120g

1 큰 냄비에 고이쿠치 간장, 맛술, 주자라메 설탕, 다마리 간장을 넣고 섞는다.

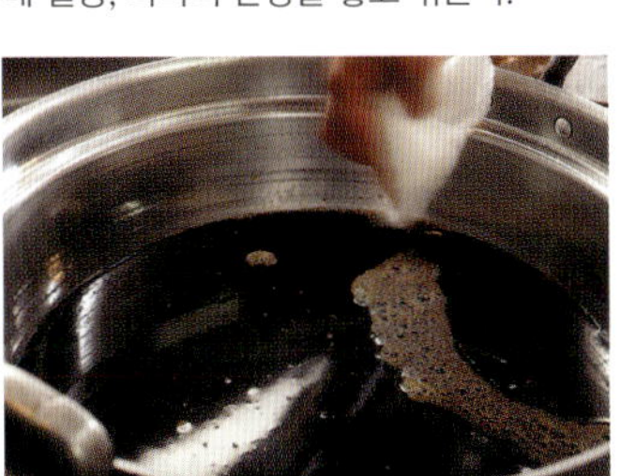

2 타지 않도록 냄비 안쪽의 옆면을 면보로 닦아내고 중불로 끓인다. 강불로 끓이면 간장에서 쓴맛이 난다.

3 주자라메 설탕이 녹을 때까지 저으면서 중불로 끓인다. 옆면을 계속 닦아낸다.

4 가운데뼈에서 검붉은 살을 깨끗하게 제거한다.

5 볼에 가운데뼈와 간을 넣고, 끓는 물을 부어 살짝 데친다.

6 거품이 생기면 흐르는 물에 헹군다. 맑은 물이 나올 때까지 계속 헹군다.

7 면보로 물기를 닦는다.

8 설탕이 녹으면 냄비에 데쳐둔 가운데뼈와 간을 넣는다. 끓기 직전에 불을 약하게 줄인다.

9 가끔씩 거품을 국자로 걷어내면서, 끓지 않을 정도로 불을 조절해서 1시간 정도 가열한다.

10 국물이 20% 정도 졸아들면 뼈를 건져낸다. 식으면 페트병에 담아 상온에서 보관한다.

숯을 다루는 기술

비장탄은 가격이 비싸지만 다른 숯에 비해 불이 매우 오래 지속된다. 일본에서는 기슈[紀州] 지방의 비장탄이 유명하지만 물량이 매우 부족한 상태이므로, 매장에서는 가미토사[上土佐] 지방의 졸가시나무로 만든 비장탄(쪼개지지 않은 것, 12kg들이)을 사용한다. 참나무과에 속하는 졸가시나무를 일본에서는 우바메가시라고 부르는데, 매우 단단하고 무거운 나무이다. 이런 단단함과 무게 덕분에 고온의 불을 오랫동안 견뎌내고, 밀도 높은 숯으로 완성되는 것이다.

나이테가 촘촘하고, 갈라진 부분이 없는 것이 좋다. 사진은 지름 3㎝, 길이 24㎝ 비장탄.

1   숯에 불을 붙인다

1 가스화로 위에 철망을 올리고 숯을 적당히 올린 다음 불을 붙인다. 9개 정도일 경우 20~30분 정도 가열하면 사진과 같이 붉게 달아오른다.

2 화로 아래쪽 선반에는 재를 넣어두고, 불을 약하게 조절할 때나 숯에서 불꽃이 일어나지 않게 조절할 때, 숯 위에 이 재를 덮어준다.

3 먼저 맨 밑에 빨갛게 달아오른 숯을 1줄로 나란히 올린다.

4 그 위에 뜬숯(피었던 참숯을 다시 꺼놓은 숯)을 몇 개 나란히 올린다. 새 숯보다 뜬숯이 불이 잘 붙기 때문에, 불이 붙은 숯과 새 숯을 연결하는 다리 역할을 한다.

5 뜬숯 위에 새 숯을 올린다.

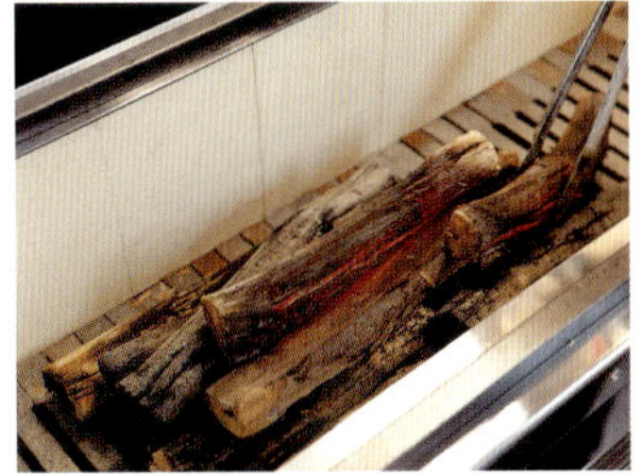

6 맨 위에 새빨갛게 달아오른 숯을 올린다. 빨갛게 달아오른 숯 사이에 뜬숯과 새 숯을 끼운 모양이 된다.

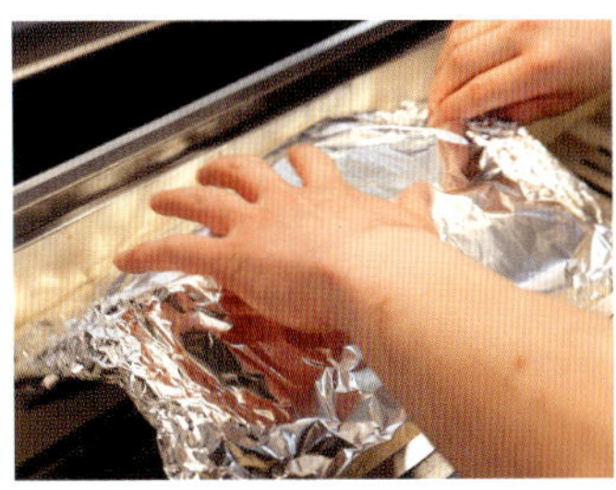

7 그 위에 몇 겹으로 겹친 알루미늄포일을 덮어서 온도를 유지한다. 화로의 옆면 4곳이 모두 같은 정도로 뜨거워질 때까지 그대로 둔다.

2　화로에 숯을 세팅한다

알루미늄포일을 둥글게 말아서 칸막이를 만들고 칸막이 뒤쪽에서 숯을 새빨갛게 달궈 불세기 10으로 준비한 다음, 그 위에 알루미늄포일을 덮어둔다. 알루미늄포일의 오른쪽 바로 옆에 불세기 7~8의 강불을 만든다. 그 옆에 4~5의 중불, 그 다음은 2~3의 약불을 준비해둔다.

사용한 뒤에는 숯을 물에 담가서 불을 완전히 끈다. 물에 담그면 안전할 뿐 아니라 숯 속에 미세하게 들어간 공기가 빠져나오기 때문에, 다음에 사용할 때 잘 터지지 않는다는 장점도 있다.

1 숯을 물에 담가서 불을 끈다.

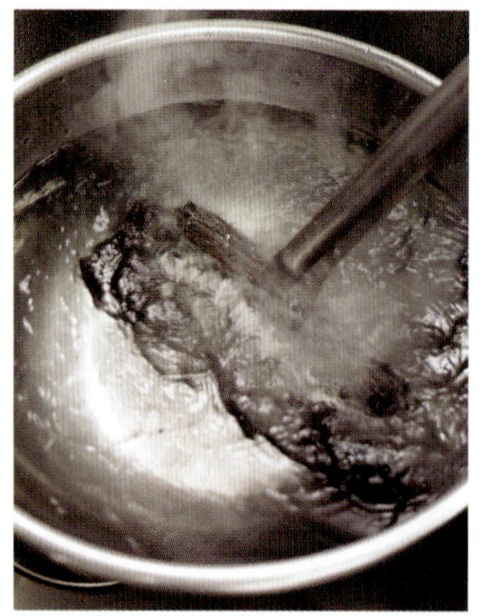

2 기포가 한꺼번에 올라온다.

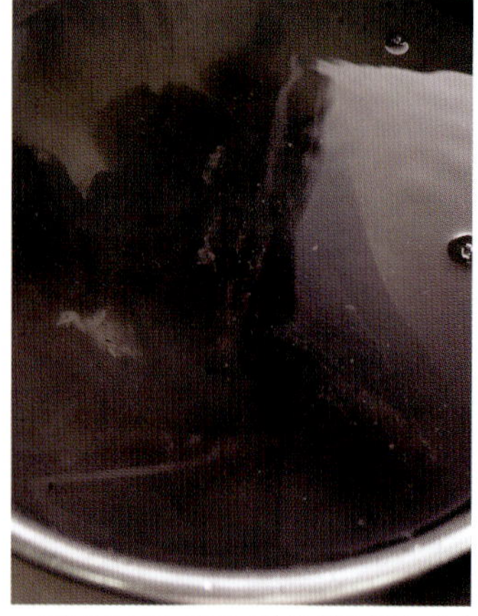

3 기포가 모두 빠져나와서 잠잠해질 때까지 그대로 둔다.

4   화로 청소

영업이 끝나면 화로를 청소한다. 지금까지 사용한 숯은 위에서 설명한 방법으로 불을 끈다. 아직 화로가 뜨거우므로 깨끗하게 청소한 다음 불이 꺼진 숯을 나란히 올려놓고 말린다. 만약 숯이 완전히 식지 않았더라도 화로 안에 두면 안전하다.

1 화로 안에 있는 작은 숯조각이나 그을음 등을 작은 빗자루로 모아서 제거한다.

2 깨끗하게 제거하기 힘든 그을음 등은 화로의 철판을 분리한 다음, 쓸어서 아래로 떨어뜨린다.

3 청소한 화로 위에 물에 담가서 불을 끈 숯을 올려놓고 말린다.

4 마르면 숯단지에 넣어 보관한다.(뜬숯)

숯불구이에 필요한 도구

화로(구이대)

길이 120㎝ × 너비 36㎝ × 높이 28㎝ 화
로는 주방 공간에 맞춰서 주문한 것이다.
옆면 두께는 5.5㎝. 무엇보다 보온력이 중
요하다.

• 가마아사쇼텐[釜浅商店]
  도쿄도 다이토구 마쓰가야 2-24-1
  [東京都 台東区 松が谷 2-24-1]
  ☎ 03-3841-9355

화로 아래쪽은 서랍식으로 되어 있어서 불
조절용 재를 넣어둔다.

구이용 지지대

꼬치를 걸쳐놓기 위해 쇠로 만든 지지대.
화로의 앞뒤에 놓아 꼬치를 지탱해준다. 화
로 길이에 맞춰 준비한다.

쇠꼬치

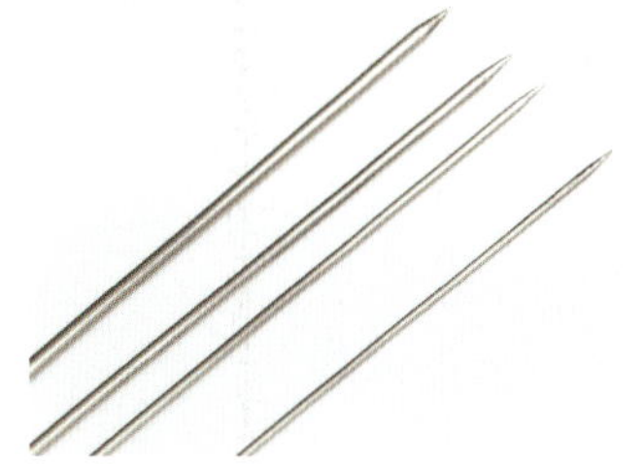

구이용 꼬치. 굵은 것부터 가는 것까지 다
양하다. 용도에 맞게 사용한다.

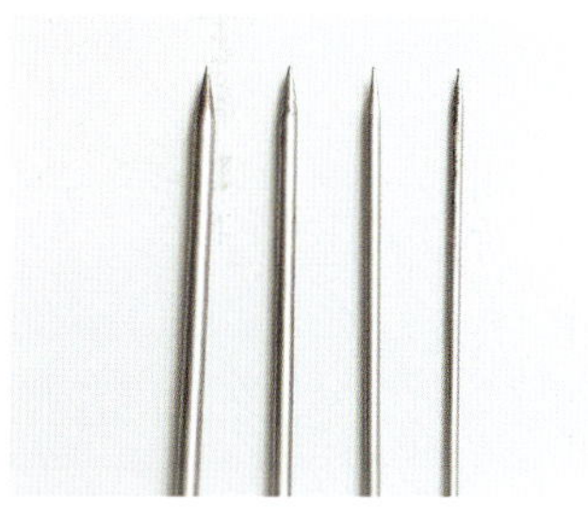

왼쪽의 굵은 꼬치는 고기나 장어 등을 구울
때 사용하고, 중간 굵기의 꼬치와 가는 꼬
치는 생선용으로 살의 두께와 특징에 따라
알맞은 것을 사용한다. 가장 가는 꼬치는
살을 받쳐주는 보조 역할로 사용한다.

대나무 꼬치

은어나 새우 소금구이에는 대나무 꼬치를
사용한다. 사용한 다음 꼬치를 빼서 보관
해두었다가 다음에 은어를 구울 때 이 꼬
치를 숯받침대에 놓고 불을 지피면, 꼬치에
남아 있던 은어 기름의 향이 밴 연기로 은
어를 그을릴 수 있다. 또한 은어를 대나무
소쿠리 등에 담아 손님에게 제공할 때, 화
로에 대나무 꼬치를 넣고 불을 피우면 연기
와 향으로 연출효과를 높일 수 있다.

집게

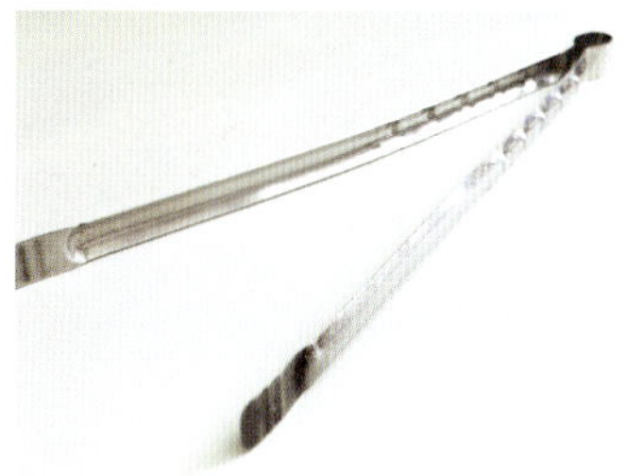

숯을 옮길 때 집게를 사용한다. 화로가 매
우 뜨겁기 때문에 긴 집게가 좋다.

부채

부채만으로도 어느 정도 화력을 조절할 수
있다. 마무리 굽기에서 탄 자국을 만들고
싶을 때, 숯받침대에 산소를 전달하여 화력
을 일시적으로 강하게 만들 수 있다. 또한
재료의 기름이 숯에 떨어지면 불이 붙기 쉬
운데 이 불을 끌 때도 부채를 사용하고, 뜨
거운 바람을 일으킬 때도 사용한다.

소금구이의 기본 기술_농어

농어를 예로 소금구이의 기술을 설명한다.

처음에는 약불로 굽기 시작하는데, 잡칼집을 낸 껍질쪽에서 기름이 조금씩
배어나온다. 이것을 뒤집어서 고여 있던 기름을 한꺼번에 숯 위로 떨어뜨린
다음, 올라오는 연기에 농어를 그을려서 익힌다. 이렇게 해서 숯불로 만드
는 소금구이의 특별한 맛을 완성한다. 심플해서 더욱 맛이 좋다.

재료 자체의 지방으로 겉면의 껍질은 바삭하게 굽고, 연기에 그을려서 훈연
향이 배게 만드는 것이 맛을 내는 비결이다. 지방을 많이 함유한 큰 생선을
사용하는 것도 중요하다. 여기서는 4.5kg짜리 농어를 사용하였다.

1 구입하고 1일 동안 살을 숙성시킨 다음
3장뜨기를 한다.

2 껍질쪽 전체에 잔칼집을 어슷하게 낸다.

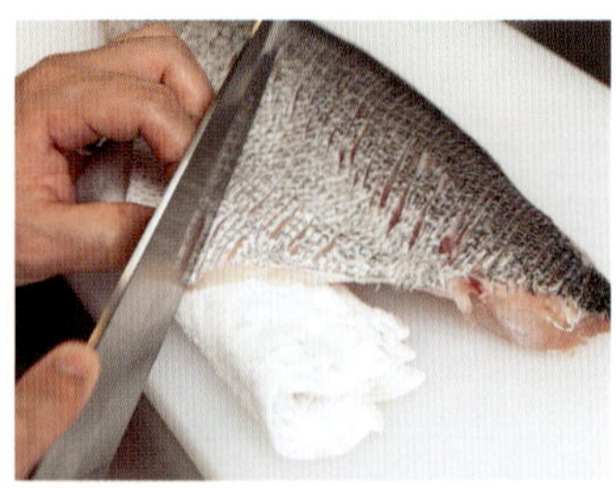

3 살이 얇은 배부분에는 밑에 면보를 깔아
서 높이를 맞추면 칼집을 내기 편하다.

4 1장이 90g이 되게 자른다.

트레이에 소금을 얇게 깐 다음, 그 위에 껍질쪽이 아래로 가게 생선살을 나란히 올린다. 그 위에 다시 소금을 살짝 뿌리고 상온에 1시간 정도 두어서, 소금이 잘 배어들면 굽는다.

꼬치를 꽂는다

1 얇은 뱃살은 접어서 구부린다. 껍질쪽에 꼬치를 꽂아서 접은 뱃살 밑으로 빼낸다.

굽 기 속 과 학

● 껍질쪽에 꼬치를 꽂으면 구울 때 껍질이 오그라들어서 벗겨지는 것을 막을 수 있다. 또한 생선살은 가열하면 단백질이 응고되어 부서지기 쉬우므로, 살쪽에 꼬치를 꽂으면 살점이 떨어질 수 있다.

2 뱃살을 꿰매듯이 꼬치를 통과시켜서 눌러준다.

3 일단 껍질쪽으로 꼬치를 빼낸 다음, 꿰매듯이 꼬치를 계속 꽂아나간다.

4 마지막에는 끝부분의 껍질쪽으로 꼬치를 빼낸다. 처음에 꽂은 꼬치와 평행이 되게 꼬치를 1개 더 꽂는다.

5 물결모양으로 살을 구부려서 꼬치를 꽂은 농어.

굽 기 속 과 학

● 자른 생선살의 두께가 균일하지 않을 경우에는 가장자리의 얇은 살을 접어서 구부린 다음 꼬치를 꽂으면 두께가 고르게 된다.

● 이렇게 꼬치를 꽂는 방법을 '쓰마오리쿠시(접어꽂기)'라고 하는데, 한쪽만 접어서 꽂는 '가타즈마오리쿠시'와 양쪽을 모두 접어서 꽂는 '료즈마오리쿠시'가 있다.

1 불세기는 약불로 조절한다. 🔥2

> ### 굽 기 속 과 학
>
> ● 천천히 가열하면 생선 겉면의 단백질이 천천히 변성·응고되기 때문에, 급격한 단백질 수축에 의해 육즙이 빠져나가는 것을 막을 수 있다.

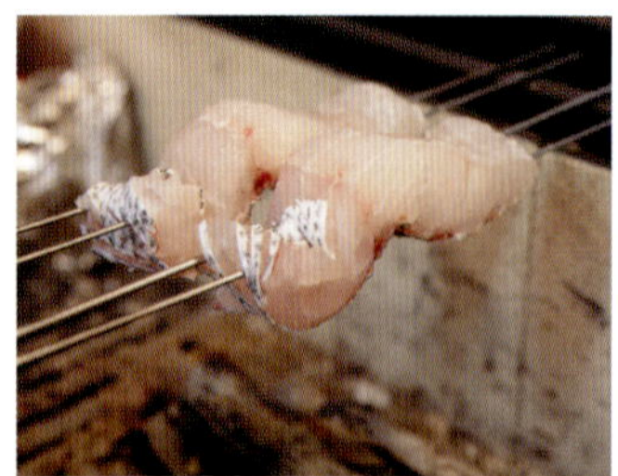

2 껍질쪽부터 굽기 시작한다. 불세기가 2보다 약해지면 숯을 교체하여 2를 유지한다. 🔥2

3 사진처럼 껍질이 하얗게 변하면 숯을 더 넣어서 불을 조금 키운다. 🔥2~3

4 천천히 불세기를 3으로 올린다. 🔥3

5 다시 껍질쪽을 구워서 구운 색을 낸다. 🔥3

> ### 굽 기 속 과 학
>
> ● 약불로 계속 구우면 시간이 오래 걸리기 때문에 수분이 많이 증발한다. 그러나 강불로 구우면 속까지 완전히 익지 않고 겉면만 지나치게 익기 때문에, 중불로 굽는 것이 좋다.

6 사진과 같은 정도로 껍질쪽이 구워져서 기름이 조금씩 배어나오면, 뒤집어서 살쪽을 굽는다. 이 과정에서 껍질쪽은 25% 정도 익는다. 🔥3

7 살쪽의 겉면이 익어서 점점 단단해진다. 가끔씩 꼬치의 위치를 옮기면서 옆면과 살쪽의 익는 정도를 확인하고 굽는다. 🔥3

8 60% 정도 익으면 다시 불세기를 올린다. 🔥3

9 숯을 쌓아올려 불세기를 5로 조절한다. 🔥5

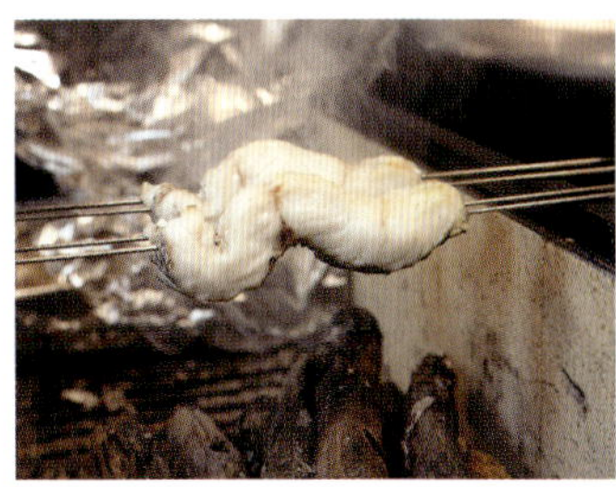

10 뒤집어서 껍질쪽을 굽는다. 지금까지 배어나온 기름과 수분이 한꺼번에 숯 위로 떨어지면, 연기가 나고 훈연향이 배기 시작한다.

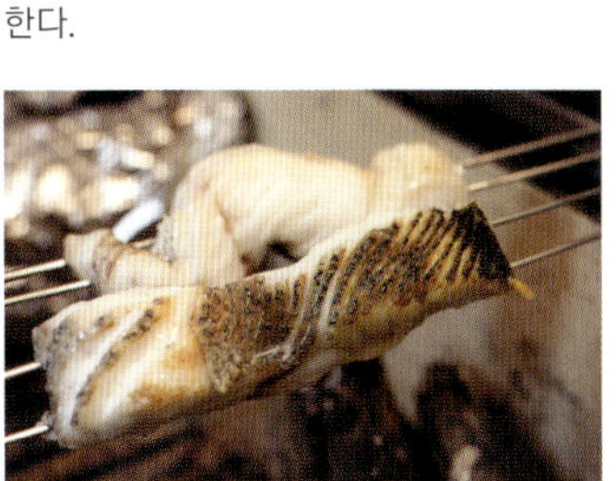

11 사진과 같은 정도로 구워지면 뒤집어서 살쪽을 굽는다. 불이 세기 때문에 지금까지보다 더 빨리 뒤집지 않으면 탄다. 가끔씩 숯을 교체하여 불세기를 5로 유지한다. 🔥5

12 거의 완성에 가깝게 익은 상태. 살이 잘 부서지는 생선의 경우, 구운 다음 빼기 쉽게 꼬치를 돌려놓는다. 🔥5

● 지방은 껍질 바로 밑이나 결합조직에 함유되어 있다. 생선의 결합조직을 형성하는 콜라겐이 녹아서 수축되면 지방이 빠져나온다.

13 마무리 굽기. 숯을 쌓아올려 불세기를 7로 올린다. 부채로 부쳐서 숯을 빨갛게 달군 다음 껍질쪽을 굽는다. 🔥7

14 다시 숯을 쌓아올려 불세기를 8로 올린다. 🔥8

15 뒤집어서 살쪽을 굽는다. 살쪽에 구운 색이 나면 뒤집어서 다시 껍질쪽을 노릇노릇하게 굽는다. 껍질이 바삭해지면 완성. 🔥8

16 완성된 농어 구이.

● 구운 색이 나는 것은 메일라드 반응에 의한 것으로, 아미노 카르보닐 반응이라고도 한다. 주로 식품에 함유된 단백질(아미노산)과 당이 가열에 의해 반응하여 갈변물질(멜라노이딘)과 향기성분이 생성되는 것을 말한다. 생선 껍질의 주성분인 콜라겐도 단백질의 한 종류이다.
● 바삭하게 구워지는 것은 겉면에 있던 여분의 수분이 날아가기 때문이다.

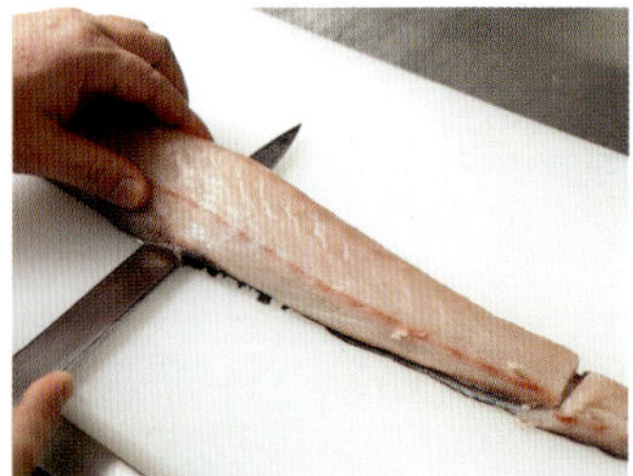

껍질을 벗긴다. 원래 생선은 껍질과 살 사이에 맛있는 지방층이 있는데, 삼치는 지방층이 없어서 구우면 얇은 껍질이 말라서 살에 달라붙어 식감이 떨어지기 때문에 껍질을 벗겨내고 사용한다.

살이 도톰하고 큰 것이 숯불구이에 적당하다. 1조각이 80g 정도가 되게 자른다.

유안야키의 기본 기술_삼치

과정 **재운다 → 양념을 발라서 굽는다(양념을 말린다) → 20분 휴지 → 마무리로 양념을 발라서 굽는다(윤기를 낸다 → 탄 자국을 낸다)**

유안야키는 대표적인 생선구이요리이다. 여기서는 삼치를 예로 유안야키를 설명하였다.

삼치처럼 수분이 많은 생선은 살이 부서지기 쉬우므로, 유안지에 재워서 수분을 빼고 적당히 살을 수축시켜서 굽는다. 삼치의 맛은 지방과 수분의 적당한 밸런스에 의한 것이므로, 이 맛을 최대한 살리기 위해 남은 열을 이용하여 촉촉하게 굽는다.

굽기 속 과학

● 생선을 숯불로 구우면 겉면의 온도가 빨리 올라가므로, 그에 따라 내부온도도 쉽게 올라간다. 그런데 생선을 숯불로 구우면 수분이 쉽게 증발하기 때문에, 살이 얇은 경우에는 겉면에 적당히 구운 색이 나면 속살은 이미 지나치게 구워진 상태가 되기 쉽다.

● 생선살이 도톰해야 지나치게 구워지지 않고, 수분이나 부드러움도 유지할 수 있다.

1 유안지 A(→ p.15)를 붓는다.

2 위에 키친타월을 덮어 윗면에도 양념이 골고루 배게 한다.

3 2시간 정도 재운 삼치. 살이 탄탄해진 느낌이다.

꼬치를 꽂는다

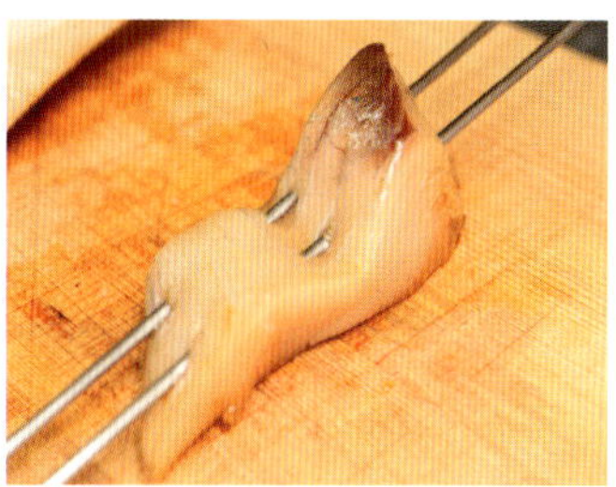

생선살이 물결모양이 되도록 구부린 다음, 아래쪽에서 꼬치가 보이지 않도록 살 속으로 꼬치를 꽂는다. 꼬치는 살이 작은(얇은) 쪽부터 큰(두꺼운) 쪽을 향해 꽂는 것이 일반적이다. (→ p.14)

굽 기 속 과 학

● 맛술에 들어 있는 알코올은 단백질의 변성을 촉진시켜서 빨리 응고시키지만, 유안지를 만들 때는 맛술을 끓여서 사용하기 때문에 알코올의 효과를 거의 기대할 수 없다. 유안지에 재워둔 생선살이 단단해지는 것은 간장이나 미소에 들어 있는 소금의 영향으로 삼투압에 의해 탈수가 일어나기 때문이다.

● 유안지에 재우기 전에 먼저 생선에 소금을 뿌려서 여분의 수분과 비린내를 제거하기도 한다. 수분을 미리 제거해두면 양념이 배어들기 쉬우므로 재우는 시간도 단축된다.

● 지방이 많은 생선은 양념이 잘 배어들지 않으므로 오래 재워야 한다.

1 껍질쪽부터 굽기 시작한다. 불세기는 2~3 정도로 약하게 조절한다. 🔥2~3

2 하얗게 변하면 바로 뒤집는다. 처음에 굽는 것은 익기 전에는 유안지가 잘 배지 않기 때문에, 익혀서 유안지가 잘 배게 만들기 위해서이다. 🔥2~3

3 껍질쪽에 유안지를 바른다. 양념을 바르는 동안 살쪽을 구워서 말린다. 익히는 것이 아니라 양념을 말리는 느낌이다. 구운 색은 내지 않는다. 🔥2~3

> ### 굽 기 속 과 학
> ● 유안지를 바르면 겉면의 온도가 조금 내려간다.

> ### 굽 기 속 과 학
> ● 단백질을 가열하면 응고되서 겉면이 살짝 마르기 때문에 양념이 잘 밴다.

4 살쪽에도 유안지를 바른다. 그동안 껍질쪽을 구워서 말린다. 🔥2~3

5 양쪽이 거의 같은 정도로 익었다. 🔥2~3

> ### 굽 기 속 과 학
> ● 구운 색이 나지 않도록 약불로 겉면을 말렸기 때문에, 속은 아직 익지 않은 상태이다.

6 총 5번 정도 양념을 바르고 뒤집는 작업을 반복한다. 여기까지는 불세기를 계속 약불로 유지한다. 🔥2~3

> ### 굽 기 속 과 학
> ● 양쪽을 태우지 않고 고르게 익히기 위해 몇 번씩 뒤집어가며 굽는다. 양념에 맛술이 들어 있어서 타기 쉬우므로 불을 약하게 조절하고 천천히 굽는다.

7 사진과 같은 정도로 구워지면 불에서 내
려 20분 동안 휴지시킨다. 20분 정도 지
나면 주방의 실내 온도와 거의 비슷해진다.
남은 열에 의해 부드럽게 익는 동시에, 발
라둔 유안지가 속으로 스며들어 맛이 밴다.

8 상온에서 휴지시키기 전(위쪽)과 20분
정도 휴지시킨 후(아래쪽)의 자른 면. 20
분 동안 남은 열로 익었다.

마무리(양념을 발라서 굽는다)

9 여기서부터는 마무리로 양념을 발라서
굽는 과정이다. 불세기를 4~5 정도의 중불
로 조절하고 껍질쪽부터 굽는다. 🔥4~5

10 마르면 뒤집어서 껍질쪽에 유안지를
바른다. 🔥4~5

11 뒤집어서 살쪽에 유안지를 바른다.
🔥4~5

12 구운 색이 나기 시작한다. 양념이 숯에
떨어지면 화력이 약해지므로, 숯을 적당히
쌓아서 중불을 유지한다. 🔥4~5

13 이 과정에서 완성된 다음에 잘 빠지도록 꼬치를 돌려둔다. ♨4~5

15 마지막으로 살쪽과 껍질쪽에 유안지를 1번씩 바르고 마무리한다. 양념이 숯에 떨어져서 생긴 연기에 그을려서 고소한 향이 밴다. ♨4~5

16 완성된 삼치 구이.

14 양념을 반복해서 바르면 윤기가 나고, 좀 더 반복하면 조금씩 탄 자국이 생기기 시작한다. 타기 쉬우므로 자주 뒤집어주면서 양념을 바른다. ♨4~5

재료를 준비하는 기술_설로인

설로인은 스테이크에 주로 사용되는 부위로, 등심 중에서 허리 근처의 부위를 말한다. 여기서는 마블링이 있는 흑모화우(黒毛和牛)의 설로인 A5등급을 사용하였다.
휴지시켜서 굽는 방법과 휴지시키지 않고 굽는, 2가지 방법을 소개한다.
마블링이 전체에 골고루 있는 경우에는 지방을 통해 속까지 잘 익기 때문에 약불에서 천천히 구워도 되며, 강불로 굽고 몇 번 휴지시켜서 남은 열로 익히기도 한다.

굽기 속 과학

손질한 고기에서 왜 피가 나오나요?

● 잘라서 손질한 고기에서 나오는 붉은 즙은 피가 아니고, 붉은 색소 단백질인 미오글로빈이 함유된 육즙이다. 겉면의 단백질이 열에 의해 응고되면서 내부에서 겉면으로 빠져나온다.

● 미오글로빈은 가열하면 메트미오크로모겐으로 변하여 익은 고기 색깔이 된다. 고기 내부가 65℃ 이하의 레어(rare) 상태일 때는 선명한 붉은색을 띠고 육즙이 많으며, 70℃에서는 붉은빛이 줄어들고 핑크색이 된다.

● 육즙이 빠져나오는 것은 고기의 수축과 관계가 있다. 고기는 45℃ 정도에서 모양이 변하고 근섬유 방향의 길이는 짧아진다. 또한 60℃ 정도가 되면 단백질의 응집·응고가 일어나 고기가 수축되어 작아진다. 겉면만 온도가 빨리 올라가면 겉면에서 급격한 수축이 일어나 내부의 육즙이 빠져나오는데, 겉면과 내부의 온도 차가 커서 내부가 아직 익지 않은 경우에는 붉은 육즙이 빠져나온다.

남은 열로 익히는 동안에는 맛있는 육즙이 빠져나가지 않나요?

● 어느 정도는 육즙이 빠져나가는 것을 피할 수 없다. 빠져나가는 육즙의 양은 겉면의 가열상태에 따라 달라진다.

왜 고기를 상온에 두었다가 굽나요?

● 고기를 상온에 두었다가 굽는 것은 겉면과 내부의 온도 차이를 가능한 한 줄이기 위해서이다.

● 온도가 낮은 상태에서 구우면 겉면은 적당히 구워져도, 내부는 아직 충분히 가열되지 못한 상태가 된다. 가능한 한 단시간에 구워야 내부에서 감칠맛 성분이 녹아나오는 것을 억제할 수 있는데, 상온에 두었다가 구우면 내부까지 알맞게 익히는 데 필요한 시간을 단축할 수 있다. 내부의 온도상승은 고기 겉면에서 전도에 의해 열이 전달되어야 하기 때문이다.

● 단, 고기를 상온에 방치하는 것은 위생 면에서 주의할 필요가 있다. 그래서 가능한 한 상온에 두는 시간을 줄이기 위해 조금씩 온도를 올리기도 한다.

※ 흑모화우(黒毛和牛)_ 일본 재래종에서 순수 육용종으로 개량된 소.
※ A5등급_ 일본의 소고기 등급 중 가장 높은 등급.

1 3.5㎝ 두께로 자른다. 얇은 것보다 두꺼운 것이 익는 정도를 조절하기 쉽다.

굽 기 속 과 학

● 고기가 얇으면 겉과 속의 차이를 만들기 어렵다. 어느 정도 두께가 있어야 레어, 미디엄, 웰던 등으로 굽는 정도를 조절할 수 있다.

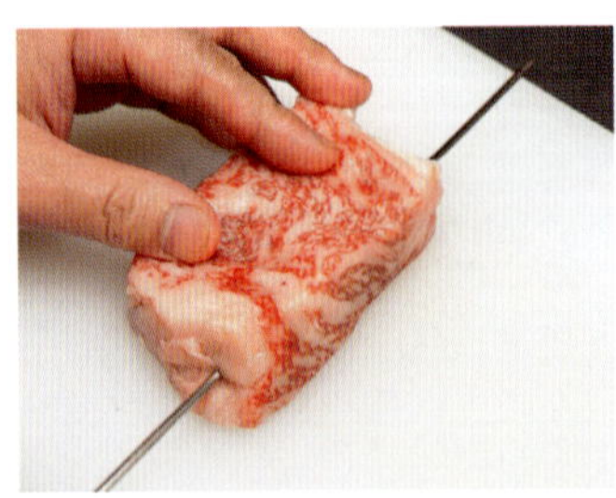

2 오른쪽부터 고기 두께의 중간 정도에 꼬치를 수평으로 꽂는다. 다음은 왼쪽, 마지막은 가운데에 꼬치를 꽂는다.

소금, 후추를 뿌린다

양면에 소금과 후추를 뿌린다. 설로인은 생선보다 지방이 많으므로 기름과 함께 흘러내릴 것을 고려하여 넉넉하게 뿌린다. 1시간 정도 냉장고에 두어 맛이 배어들게 한다. 숯불구이의 경우 마블링이 있는 고기는 상온에 둔 것보다 차갑게 수축된 것이 굽기 쉽다.

굽 기 속 과 학

● 일반적으로 고기는 굽기 직전에 소금, 후추를 뿌린다. 생선과 다르게 고기는 소금을 뿌리고 얼마동안 그대로 두면 살이 수축되어 단단해지기 때문에 이를 피하기 위해서이다. 육즙이 빠져나오면 감칠맛 성분이 같이 녹아나올 수 있다. 여기서는 지방이 상당히 많은 고기를 사용하기 때문에, 소금을 뿌린 다음 1시간 정도 두어도 문제가 생기지 않는 것으로 보인다. 1시간 정도 두면 소금이 고기에 스며든다.

● 마블링이 있는 고기를 상온에 두었다가 구울 경우, 겉면의 온도가 느리게 상승하면 지방이 녹아서 고기가 흐물흐물해질 수 있다. 철판구이(간접구이)의 경우에는 고온의 철판에 직접 접촉시켜서 겉면을 굽기 때문에(전도전열) 겉면의 온도가 빠르게 상승한다.

● 숯불이나 히터 등을 사용하여 직화구이를 할 경우에는 열원의 온도를 올리면 빠르게 겉면을 가열할 수 있지만 한계가 있기 때문에, 가열초기 식품 겉면의 온도 상승은 철판구이보다 느리다.

소금구이의 기본 기술(휴지 2회)_설로인

중간에 2회 휴지시켜서 남은 열로 익히는 방법을 소개한다. 그다지 두껍지 않은 고기의 경우
숯불로 구우면 단번에 익어버리기 때문에, 불에서 내려 남은 열로 부드럽게 익힌다.

굽는다

1 불세기는 6~7 정도로 약한 강불에서 굽기 시작한다. 🔥6~7

2 겉면이 구워지면 바로 뒤집는다. 🔥6~7

굽 기 속 과 학

● 고기 겉면의 단백질이 열에 의해 응고된 상태.

3 양면이 구워지면 불에서 내려 트레이 등에 꼬치를 걸쳐놓고 휴지시킨다. 시간이 조금 지나면 겉면에 기름이 배어나온다. 식을 때까지 2~3분 정도 휴지시킨다.(1번째)

굽 기 속 과 학

● 겉면의 온도 상승이 멈춰지고 남은 열이 전도에 의해 내부로 전달된다. 휴지시키는 것은 겉면과 내부의 온도 차가 지나치게 벌어지는 것을 막기 위해서이다.

4 식으면 다시 불세기를 6~7로 조절하여 굽는다. 휴지시키는 동안 겉면에 기름이 조금 배어나와서 열이 잘 전달된다. 내부의 지방도 이미 온도가 올라가서 이 지방에 의해 붉은살도 익는다. 🔥6~7

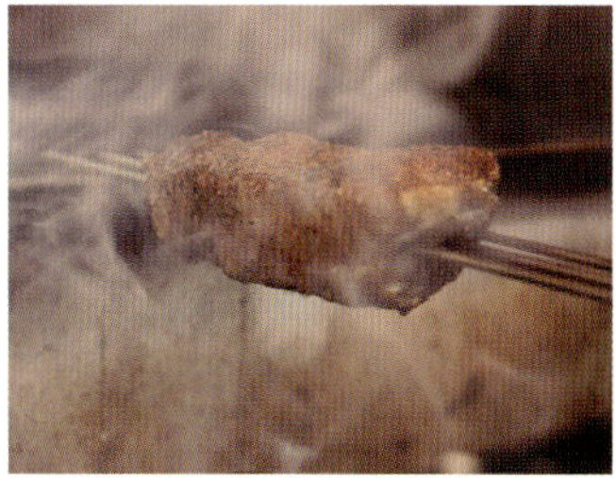

5 뒤집는다. 기름이 계속 흘러나온다. 🔥6~7

굽 기 속 과 학

● 기름이 숯불에 떨어져서 연소되면 연기가 올라온다.

6 꼬치를 옆으로 옮겨두고 숯 사이사이의 틈을 메우듯이 가는 숯을 올린다. 숯 사이에서 불꽃이 일어나 그을음이 생기는 것을 막기 위해서이다. 🔥6~7

7 또는 숯 위에 재를 덮어주면 재가 기름을 흡수한다. 새빨갛게 달아오른 숯에 기름이 직접 닿으면, 불꽃이 일어나서 그을음이 생기고 맛이 떨어진다. 숯 위에 재를 덮어주거나, 가는 숯으로 사이를 메우면 불꽃이 생기지 않는다.

● 고온의 숯 겉면에 기름이 직접 닿으면 발화하여 불꽃이 생긴다. 숯 위에 재를 덮어주면 온도가 조금 내려가고 재가 기름을 흡수하여 불꽃이 생기는 것을 막을 수 있다.

8 다시 불세기 5에 올려서 굽는다. ♨5

9 뒤집는다. 연기가 많이 올라오기 시작한다. ♨5

10 불에서 내리고 2분 동안 휴지시킨다.(2번째)

11 손가락으로 눌러본다. 속은 아직 익지 않은 상태이다. 이 과정에서 굽는 작업은 80% 정도 끝난다.

● 단백질을 가열하면 변성되어 응고·수축한다. 일반적인 가열의 경우 식품 겉면에서 내부로 열이 전달되기 때문에, 단백질 응고는 식품 겉면부터 진행된다. 가열이 진행되면 근세포가 수축되므로 고기 속에 있는 육즙이 빠져나오기 쉬워지고, 좀 더 고온으로 올라가면 단백질의 보수성도 저하되므로 육즙이 분리되어 고기 내부의 수분상태도 달라진다. 따라서 내부가 아직 익지 않았을 때와 내부까지 완전히 익었을 때는 식품 전체의 탄력이 다르다.

12 불세기를 2로 낮춘 다음, 알루미늄포일을 덮어서 전체적으로 익힌다. 옆면도 익힌다. 익는 것과 동시에 연기에 그을려서 고기에 향이 밴다. 중간에 뒤집어준다. ♨2

● 알루미늄포일을 덮어서 고기 옆면과 겉면에서 열이 빠져나가는 것을 막는다. 숯불 주변에서 따뜻해진 공기는 상승하여 알루미늄포일 안에 모인다. 알루미늄포일은 반사율이 높기 때문에, 식품 겉면에서 방사되는 적외선과 숯불로부터 방사되는 적외선을 반사하여 일부가 식품에 닿는다.

13 덜 구워진 부분을 불에 쬐어 구운 색이 고르게 나도록 조절한다.

14 완성된 설로인 구이와 자른 면.

소금구이의 기본 기술 (휴지 없음)_설로인

<u>불세기</u>는 약불. 알루미늄포일을 덮고 찌듯이 구우며, 휴지시키지 않고 단번에 굽는다. 구워지는 것과 동시에 알루미늄포일 안에 모인 연기로 고기에 훈연향이 밴다. 겉면부터 속까지 다양한 맛을 즐길 수 있다.

굽는다

1 불세기를 3 정도로 약하게 조절하여 굽기 시작한다. 숯 사이에 틈이 생기지 않게 하고, 위에 재를 덮어 불꽃이 생기는 것을 막는다. 🔥3

2 바로 알루미늄포일을 덮는다. 🔥3

3 2번 정도 뒤집어서 천천히 굽는다. 🔥3

4 손가락으로 눌러서 알맞게 익었는지 확인한다. 🔥3

5 마무리 굽기. 알루미늄포일을 벗기고, 불세기를 8로 올려서 노릇노릇하게 구운 색을 낸다. 🔥8

6 완성된 설로인 구이.

숯불의 매력에 대한 과학적 분석

요코하마국립대학 교육인문과학부교수 농학박사 스기야마 구니코[杉山 久仁子]

구이에는 열원으로 식품을 직접 가열하는 직화구이와 열원에 의해 가열된 프라이팬이나 철판 등에 식품을 올려서 가열하는 간접구이가 있다.

직화구이의 경우 열원에서 발생한 열의 대부분이 복사에 의해 식품에 전달되고, 그 밖에는 따뜻하게 데워진 공기의 대류전열로 가열된다. 식품을 쇠꼬치에 꽂거나 철망에 올리는 경우, 얼마 안 되는 양이긴 하지만 쇠꼬치와 철망에서 일어나는 전도에 의해서도 열이 전달된다.

간접구이의 경우 고온의 프라이팬이나 철판 등에 식품을 직접 올려놓고 가열하기 때문에 접촉면에서의 전도로 열이 전달된다.

일본요리에는 생선 소금구이나 데리야키, 가바야키 등 직화구이 종류가 비교적 많다.

숯불구이는 숯을 열원으로 하는 직화구이이다. 숯은 불을 붙일 때의 번거로움이나 사용한 다음 재의 뒤처리 등을 생각하면 불편하지만, 일본에서는 예로부터 식품을 구울 때 화력이 센 숯불을 이용하여 열원과 거리를 두고 식품을 굽는 것을 이상적으로 여겨왔다. 지금도 장어나 야키도리, 야키니쿠 등을 취급하는 음식점에서는 '숯불구이'를 특징으로 내세우는 경우가 많다. 부채로 공기를 전달해서 불세기를 조절할 수 있는 것도 큰 장점인데, 식품의 상태에 따라 화력을 조절하기 위해서는 숙련된 기술이 필요하다.

[백탄과 흑탄의 제조과정과 용도]

Q1 하얀 숯과 검은 숯의 차이는 무엇인가요?

숯에는 '백탄'과 '흑탄'이 있다. 숯을 만들 때 숯이 되는 과정의 큰 흐름은 같지만, 마지막 처리와 불을 끄는 방법이 다르기 때문에 전혀 다른 성질의 숯이 만들어지는 것이다.

백탄은 졸참나무나 떡갈나무 등으로 만드는데 숯을 굽는 마지막 과정에서 가마 입구를 활짝 열어 많은 양의 공기를 넣는다. 그렇게 하면 숯이 될 나무에 불이 붙어 1000℃ 이상의 고온이 된다. 새빨갛게 달아오른 숯을 가마 입구에서 잡아당겨 빼낸 다음, 수분을 함유한 재(소분)를 덮어서 불을 끈다. 재를 덮어 불을 끄기 때

문에 겉면이 하얗게 되어 '백탄'이라고 부른다.

백탄은 단단하고, 두드리면 금속성 소리가 나며, 자른 면이 은회색으로 빛나고, 갈라진 부분이 적다. 졸가시나무로 만든 비장탄이 유명하다.

흑탄은 소나무, 상수리나무, 또는 그 밖의 잡목을 600~700℃로 탄화시킨 다음, 가마 입구와 연기 통로를 밀폐하여 공기가 통하지 못하게 차단하는 방법으로 불을 끄고 가마 안에서 자연스럽게 냉각시켜서 만든 숯이다.

그렇기 때문에 숯에 불이 붙지 않고 새까맣게 완성된

그림1 숯불의 겉면 온도

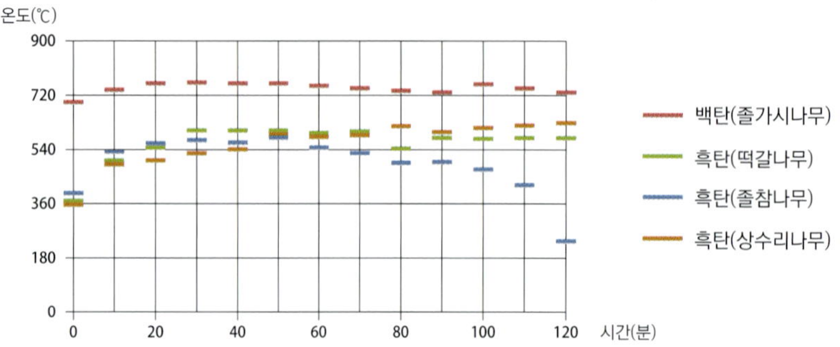

『일본가정학회지』 Vol. 55(2004), No. 9, p.707-714
〈열유속 일정조건하에서 전열특성 비교 / 숯불구이의 가열특성 해석 (제1보)〉
다쓰구치[辰口], 아베[阿部], 스기야마[杉山], 시부카와[川]

다. 흑탄은 탄화한 나무껍질이 붙어 있어서 자른 면에 갈라진 틈이 많다. 또한 백탄이 흑탄보다 휘발성 물질이 적고 탄소 함유량이 많다.

숯을 가열하여 발화온도가 되면 탄소가 공기 속의 산소와 반응하여 발열하고, 연소에 필요한 온도를 유지하여 연소가 지속된다.

숯불은 불꽃이 없으며, 연소하여 빨갛게 달아오른 숯의 겉면 온도는 500~800℃이다.(그림1) 식품은 주로 붉게 달아오른 숯의 겉면에서 방사된 적외선에 의한 복사전열로 가열된다.

백탄은 흑탄보다 착화온도가 높아서 불을 붙이기 어렵지만 오랫동안 연소가 지속된다. 즉 불이 오래 간다. 부채 등으로 공기를 전달하면 연소가 활발해져서 1000℃ 정도까지 온도가 상승한다.

또한 흑탄과 백탄은 제조방법에 따라 분류한 것으로, 어떤 나무라도 백탄과 흑탄을 모두 만들 수 있다. 조리용으로는 졸가시나무로 만든 비장탄이 좋고, 다도용으로는 상수리나무로 만든 이케다[池田]탄이 좋다. 일반적으로 많이 사용하는 흑탄으로는 졸참나무로 만든 흑탄이 있다.

[가스와 전기의 전열방법]

Q2　　가스버너나 전기히터에서는 열이 어떻게 전달되나요?

가스버너의 경우 연료인 가스는 버너 내부에서 공기와 섞이고(1차 공기), 다시 불꽃 주변의 공기(2차 공기)와 섞여서 연소한다.

내염(불꽃 내부의 푸른색을 띤 밝은 부분)의 약간 윗부분은 조건에 따라 다르지만 최고 온도가 1600~1800℃이다. 가스 불꽃은 냄비 바닥에 직접 닿아 전도전열에 의해 식품을 가열하거나, 주변 공기의 대류전열을 통해

가열한다. 불꽃에서는 열방사가 적기 때문에 복사전열은 크게 기대할 수 없다.

전기의 경우 전기히터를 식품 가열에 사용하는데, 시즈히터, 석영관히터, 원적외선히터, 할로겐히터 등 여러 종류가 있으며, 모두 히터에서 방사된 적외선의 복사전열에 의해 식품이 가열된다. 오븐이나 토스터에 사용되는 전기히터의 겉면 온도는 300~400℃ 정도이다.

[조리에 이용하는 복사전열의 특징]

Q3　　복사전열이란 어떤 것인가요?

복사전열은 물체의 겉면에서 방사된 전자파에 의해 열이 이동하는 것이다. 복사전열과 관계된 전자파는 적외선 및 가시광선과 일부 자외선이다. 태양광에 의해 지구가 따뜻해지는 것이나 적외선 스토브에 의해 몸이 따뜻해지는 것도 모두 복사전열에 의한 것이다.

숯과 생선으로 예를 들면, 숯과 생선도 그 온도에 따라 내부 에너지의 일부를 전자파로 방출한다. 각각의 겉면에서 방출되는 전자파는 진공 상태나 공기 중에서 거의 흡수되지 않기 때문에 줄어들지 않고 물체의 겉면에 도달하여, 일부는 겉면에서 반사되고 나머지는 흡수

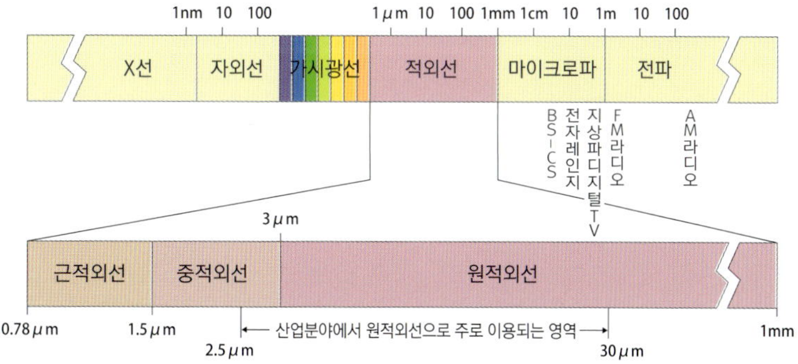

된다. 흡수된 전자파는 열에너지로 변화한다. 숯이 생선보다 겉면 온도가 높고 방사되는 에너지의 양이 많기 때문에, 생선이 가열되고 온도가 상승한다. 생선과 열원인 고온의 숯이 직접 닿지 않고 떨어져 있는 상태에서 열이 전달되기 때문에, 생선의 겉면을 오염시키지 않고 가열할 수 있다.

또한 숯에서 방사된 에너지의 양은 온도의 4제곱에 비례하기 때문에, 열원의 온도 조절에 의해 에너지 양을 빠르게 변화시킬 수 있다.

[적외선 방사의 특징]

Q4　조리에 사용되는 근적외선, 중적외선, 원적외선의 차이는 무엇인가요?

직화구이의 경우 주로 복사전열에 의해 식품이 가열된다. 전달되는 열의 양은 열원의 온도에 따라 다르지만, 열원에서 방사되는 전자파(주로 적외선)의 파장에서도 영향을 받는다.

적외선이란 가시광선의 붉은색보다 파장이 길고 전파보다 파장이 짧은, 파장이 $0.78\mu m \sim 1mm$인 전자파를 말한다.

적외선은 파장이 짧은 쪽부터 근적외선, 중적외선, 원적외선으로 분류한다. 각각의 분류 기준은 연구 분야에 따라 다른데, 식품가열 분야에서는 $3\mu m$ 이상을 원적외선이라고 한다.(그림2)

식품의 구성성분인 물이나 전분은 원적외선 부분의 파장의 흡수율이 높기 때문에, 원적외선 부분의 파장의 방사율이 높은 열원으로 가열해야 식품 겉면에서 적외선이 효율적으로 열로 변하여 식품의 겉면 온도가 쉽게 올라가고 구운 색이 진해진다.

식품 내부는 전도전열에 의해 가열되기 때문에, 겉면의 온도상승이 빠르면 내부도 빠르게 가열된다.

한편, 근적외선은 다른 적외선에 비해 흡수율이 낮고, 식품 겉면에서는 적외선이 투과하여 수 mm 안쪽에서 열로 변한다. 그렇기 때문에 겉면의 온도상승은 느리고 구운 색을 내기 어렵지만, 겉면의 수분증발은 촉진되어 식품 겉면의 마른 층(크러스트)이 쉽게 두꺼워진다.

[흑체의 성질을 가진 숯불]

Q5　숯불과 전기히터는 모두 복사전열에 의해 가열이 이루어지는데, 방출되는 적외선은 다른가요?

숯불에서는 적외선 중에서도 원적외선이 방사된다고 알려져 있지만, 숯불의 적외선 방사의 특징은 이상적인 물체인 흑체에 가깝고, 근적외선에서 원적외선까지 적외선파장 영역 전체에서 방사율이 높다는 것이 확인되었다.(그림3)

흑체란 다른 물체로부터 방사되는 열을 모두 흡수하는 물체로, 겉면에서 방출되는 에너지의 양도 최대이므로 물체 중에서 가장 효율적으로 복사열을 방출한다. 흑체는 현실에 존재하지 않지만 흑체에 가까운 성질을 가진 물체가 존재하는데 숯불이 그중 하나이다.

그림3 숯불의 적외선 분광방사 강도

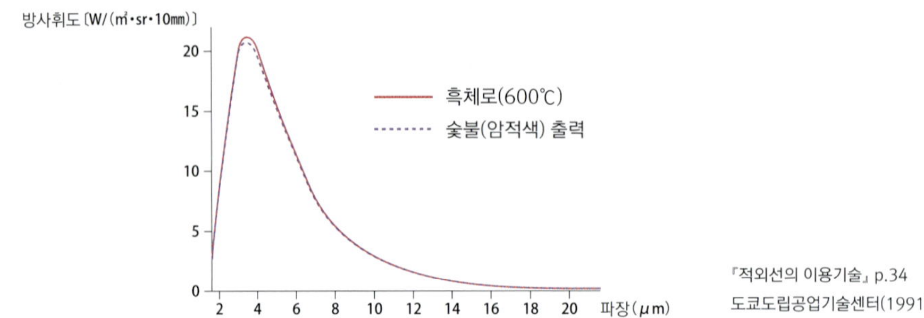

『적외선의 이용기술』 p.34
도쿄도립공업기술센터(1991)

식품 가열에 사용되는 전기히터의 분광방사율을 그림4로 나타냈다. 지금까지 사용되고 있는 발열체인 니크롬선을 금속덮개로 덮은 시즈히터나 밝게 빛나는 할로겐히터는 원적외선 영역의 방사율이 낮다. 반면, 원적외선 영역의 방사율이 비교적 높은 세라믹히터 등을 원적외선히터라고 부른다.

원적외선이 식품 가열로 주목을 받았던 1990년경에는 원적외선히터로 식품을 가열할 때 효율적으로 가열할 수 있는 이유가, 원적외선이 식품 속까지 침투하기 때문이라고 생각했다. 그것은 원적외선이 적외선 중에서도 파장이 길고, 인접한 마이크로파가 식품 내부에 침투하여 가열하는 특징을 살려서 전자레인지에 이용된 것과 관계가 있는 것으로 보인다.

그러나 실험을 거듭한 결과 근적외선은 식품 겉면에서 수 ㎜ 정도 속으로 침투하지만, 원적외선은 식품 속에 침투하지 않고 식품 겉면의 극히 얇은 부분에서 효율적으로 열로 변한다는 사실이 밝혀졌다.

원적외선은 식품 겉면에서 효율적으로 열로 변하기 때문에, 겉면의 온도상승이 빠르고 구운 색도 내기 쉽다. 식품 내부로의 열의 이동은 전도전열에 의해 이루어지기 때문에, 겉면의 온도상승이 빠를수록 내부의 온도상승도 빨라진다. 특히 겉면의 색깔로 식품의 구운 정도를 판단하는 경우에는 굽는 시간을 단축할 수 있기 때문에 식품의 수분증발을 억제할 수 있다.

Q6　원적외선 가공섬유로 만든 양말은 따뜻한가요?

원적외선은 식품 가열 분야뿐 아니라 옷감이나 옷에도 사용된다. '원적외선 가공섬유'란 원적외선을 흡수 · 방사하기 쉬운 세라믹 등의 물질을 섬유 내부에 넣거나, 그 물질로 섬유 외부를 코팅한 것이다. 인체로부터 방사되는 원적외선을 흡수하여 다시 방사하기 때문에, 일반 제품과 비교했을 때 보온성이 향상되는 효과가 있다.

Q7　숯은 어떻게 오랫동안 화력을 유지할 수 있나요?

p.40의 표1은 숯의 성분비율을 나타낸 것이다. 숯은 대부분 탄소로 이루어져 있으며, 탄소가 공기 중의 산소와 반응하여 연소하는 무염연소를 한다.

목재가 탈 때는 목재에 열이 가해짐으로써 목재에 함유된 유기물이 변질되어 휘발성 기체가 발생하고, 그것이 연소하여 불꽃이 되며 그 불꽃에 의해 목재가 탄다.

숯은 만드는 과정에서 목재의 유기물이 거의 다 타버린 상태이므로, 탄소 이외의 불순물이 매우 적다. 그래서 탄소 자체가 산화하여 연소하는 것이다.

기체가 연소하는 유염연소에 비해 숯불과 같은 무염연소는 숯의 겉면이 주변 기체와의 사이에서 연소반응을 일으켜 타는 현상이므로, 유염연소와 비교했을 때 반응속도가 느리고 오랫동안 화력을 유지할 수 있다.

그림4 전기히터의 분광방사율 예

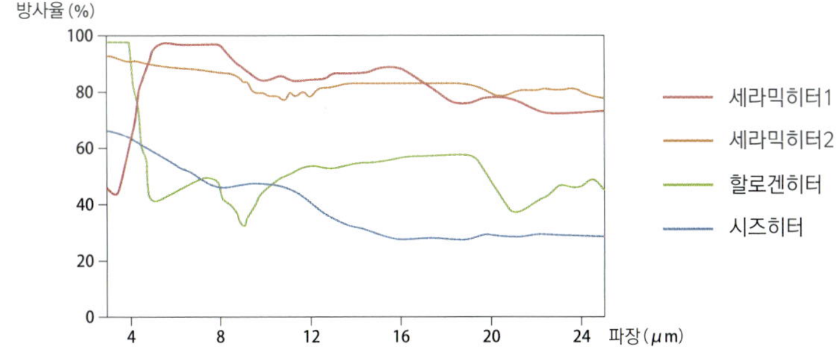

[불이 오래가지 않는 다공질 나무]

Q8   숯을 만드는 나무의 종류에 따라 불의 지속성이 달라지나요?

연료용 숯은 제조법에 따라 크게 백탄과 흑탄으로 나눌 수 있으며, 사용되는 나무 종류는 상수리나무·졸참나무·떡갈나무·소나무 등이 있다. 원료로 사용한 나무의 성질에 따라 다른 숯이 만들어진다.(표1)

숯에는 탄소 외에 수소, 산소가 함유되어 있으며, 회분에는 칼륨, 칼슘, 규산, 알루미나, 철, 망간, 그 밖에 많은 무기성분이 함유되어 있다. 이러한 성분은 원목의 종류와 탄화 정도에 따라 크게 달라진다.

흑탄은 숯의 상표에 따라 탄화 정도에 크게 차이가 있지만, 백탄은 가마의 최종온도가 똑같이 1000℃ 정도가 되고 고르게 구워지기 때문에 탄화 정도에 차이가 적다.

숯의 조직은 구멍이 많고(다공질) 공기가 통하기 쉽다. 목재의 내부 표면적은 1g당 200~400㎡이다. 가마에 들어간 공기가 내부까지 침투하여 반응하고, 숯과 반응하여 생성된 가스는 배출된다.

숯 중에서도 특히 구멍이 많은 것은 백탄보다 흑탄이다. 나무의 종류로 보면 소나무나 삼나무 등의 침엽수가 졸참나무나 상수리나무, 떡갈나무 등의 활엽수보다 다공질이다. 다공질 나무로 만든 숯은 내부 표면적이 커서 반응성도 크기 때문에, 불이 오래 가지 않는다.

또한 성분비율로 보면 무기성분이 많은 숯은 연소하기 쉬운데, 활엽수로 만든 숯이 침엽수로 만든 숯보다 무기성분이 많다.

[뜬숯이 불이 잘 붙는 이유]

Q9   물에 담가서 불을 끈 뜬숯은 어떻게 다시 사용할 수 있나요? 새 숯과 다른 점은 무엇인가요?

숯이 다 타서 자연스럽게 꺼지기 전에 불을 끈 숯을 '뜬숯'이라고 한다. 바비큐 등에 사용하고 남은 숯을 뜬숯으로 보관해두면 다시 사용할 수 있다. 뜬숯은 새 숯보다 불을 붙이기 쉬우므로, 다음에 숯을 사용할 때 불씨로 사용하기 좋다.

보통은 뚜껑이 있는 금속 또는 도자기로 만든 단지에 넣고 뚜껑을 덮어 산소결핍상태로 만들어서 불을 끈다. 급할 때나 양이 많을 경우에는 물을 뿌리거나 양동이에 물을 붓고 숯을 담가서 불을 끌 수 있다. 단, 매우

고온이므로 많은 양의 물이 필요하고, 양동이를 사용할 경우에는 금속으로 만든 것을 사용하는 것이 좋다.

물에 담가서 만든 뜬숯은 말리는 작업을 거쳐야 한다. 흙으로 만든 풍로 등을 사용하는 경우에는 직접 물을 뿌리면 풍로가 갈라질 수 있으므로 주의한다.

또한 뜬숯이 불을 붙이기 쉬운 이유는 재 속에 함유된 탄산칼륨이 촉매로 작용하여, 착화온도를 낮춰주기 때문이다.

표1 일본 숯 성분의 예[*]

구분	수종	원소 비율(%)			발열량 (cal/g)	경도[**]
		탄소	수소	산소		
흑탄	졸참나무	89.34	2.59	6.02	6.858	11
	떡갈나무	87.90	2.72	7.06	7.535	3
백탄	졸참나무	93.76	0.38	3.76	6.980	20
	떡갈나무	94.69	0.60	1.98	6.995	9

[*]표1의 수치는 숯품평회에 출품된 최고 품질의 숯을 분석한 수치.
[**]경도는 미우라[三浦]식 목탄경도계에 따른 것이다.

「숯의 박물지」 p.40
기시모토 사다키치[岸本 定吉], 총합과학출판(1993)

[숯에서 불꽃이 생기는 원인]

Q10 숯에 불꽃이 일어나지 않게 하려면 어떻게 하나요?

숯을 이루는 성분은 대부분 탄소이고 휘발성 성분이 매우 적기 때문에, 불꽃이 생기지 않고 연소하는 무염연소를 한다. 단, 부채 등으로 공기를 전달하여 온도가 1000℃ 이상이 되면, 붉게 달아오른 겉면 위에 옅은 푸른색 불꽃이 생긴다.

이것은 숯의 겉면에서 무염연소에 의해 생긴 이산화탄소와 숯이 반응하여 일산화탄소가 되고, 이것이 다시 공기 중의 산소와 반응하여 이산화탄소가 되는 반응이 푸른 불꽃 안에서 일어나는 것이다. 불꽃이 생기지 않게 하려면 부채를 지나치게 많이 부치면 안 된다.

또한 식품에서 육즙이나 기름 등의 유기물이 떨어져서 숯의 겉면에 닿으면, 그 유기물이 타서 불꽃이 생기는 경우도 있다. 불꽃이 일어나지 않게 하려면 식품에서 떨어지는 유기물이 숯의 고온부에 직접 닿지 않도록 숯을 옆으로 조금씩 옮겨놓거나, 숯 위에 재를 덮어 유기물이 재에 흡수되게 한다.

[대류전열을 복사전열로 바꾸는 방법]

Q11 가스로 숯불의 장점을 재현할 수 있나요?

가스로 만든 불꽃은 고온이지만 복사가 거의 일어나지 않는다. 주위의 공기를 따뜻하게 데우고, 그렇게 따뜻해진 공기로 가열하는 대류전열이 대부분이다.

가스로 숯불의 효과를 재현하기 위해서는 가스불로 금속판이나 세라믹판 등을 가열하고, 그 판에서 일어나는 복사전열을 이용하는 것이 좋다. 숯불과 비슷하게 만들기 위해서는 숯불과 같은 정도의 온도로 가열할 수 있고, 원적외선 영역의 적외선을 많이 방사하는(방사율이 높은 것) 재질로 만들었거나 표면가공이 된 판을 사용하는 것이 중요하다. 원적외선을 방사한다고 표시되어 있는 생선구이용 철망이 시중에 판매되고 있으므로 그것을 사용하는 것도 좋다. 단, 가열한 생선구이용 철망과 식품의 거리를 떨어트려야 한다.

가스버너 위에 설치하는 조립식 지지대(아래 사진 참조)도 있는데, 없을 경우에는 벽돌을 알루미늄포일로 싸서 버너 양쪽에 놓고 금속으로 만든 가늘고 긴 막대를 2개 걸쳐놓은 다음 재료를 꼬치에 꽂아서 올려놓고 가열한다. 또는 철망을 올리고 그 위에서 굽는다. 시판되는 생선구이용 철망 중에는 금속판이나 세라믹판과 철망이 세트로 나와 있는 것이 있지만, 거리가 가깝기 때문에 센불로 멀리서 굽기 위해서는 조립식 지지대를 사용하는 것이 좋다.

그러나 숯불의 연소가스에는 환원성 가스인 일산화탄소나 수소가 많이 함유되어 있으므로, 이런 방법으로 굽는다 해도 숯불로 구운 식품 특유의 향을 재현하기는 힘들다.

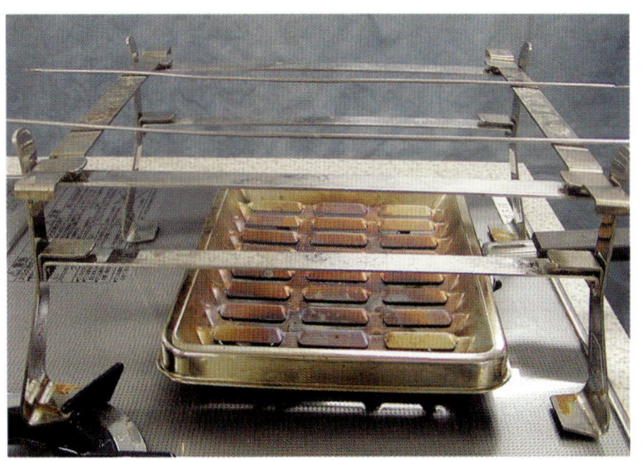

[참고문헌]
● 『일본가정학회지』 Vol. 53(2002), No. 4, p.323-329
〈방사가열에 있어서 적외선 파장의 식품 겉면으로의 침투성〉
스기야마[杉山], 시부카와[渋川]
● 『일본가정학회지』 Vol. 56(2005), No. 2, p.95-103
〈숯불구이 식품의 향 검토 / 숯불구이의 가열특성 해석(제2보)〉
이시구로[石黑], 아베[阿部], 다쓰구치[辰口], 쇼[蒋], 구보타[久保田], 시부카와[渋川],

조립식 지지대
가스버너 위에 생선구이용 철망을 올리고, 그 위에 지지대를 조립한 모습. 위쪽의 가는 쇠꼬치에 식품을 꽂아서 가열한다.

2

어 패 류

가다랑어/갯장어/갈치/고등어/꼬치고기/눈볼대/
닭새우/벤자리/병어/보리새우/복어/붕장어/복어
이리/빛금눈돔/삼치/옥돔/은어/자라/장어/전갱
이/전복/쥐노래미/참돔/홍살치/참치 대뱃살/흰
꼴뚜기

가다랑어

짚을 태운 연기로 그을린 가다랑어 다타키. 연기는 숯불과는 조금 다른 향을 내는 조미료가 된다.
가다랑어를 구운 다음에 연기로 그을리면 훈연향이 잘 배지 않고 알맞게 익히기도 어렵기 때문에,
먼저 연기를 내서 그을린 다음 불을 쬐어 굽는 순서로 다타키를 만들었다.
가다랑어 다타키에는 겨자간장이 잘 어울린다.

덩어리 자르기

5장뜨기로 손질한 가다랑어의 검붉은 살을
제거한 다음 덩어리 자르기를 한다. 앞쪽이
배, 뒤쪽은 등. 가운데뼈를 따라 검붉은 살
을 얇게 남겨두어도 맛이 좋다.

꼬치를 꽂는다

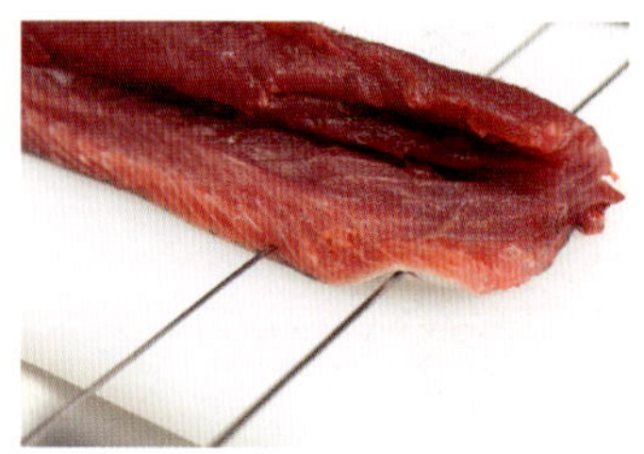

1 뱃살은 껍질쪽부터 꼬치를 꽂아서 껍질
쪽으로 뺀다. 살은 부서지기 쉬우므로 껍질
쪽으로 지탱해준다. 먼저 오른쪽 가장자리
와 왼쪽 가장자리에 굵은 꼬치를 꽂는다.

3 두툼한 등살은 껍질보다 조금 위쪽에 굵
은 꼬치를 꽂는다. 총 5개를 꽂는다.

2 가운데에 꽂는 4개의 꼬치는 중간 굵기.
4kg짜리 가다랑어의 뱃살이라면 6개 정도
가 적당하다.

칼집을 낸다

지방이 껍질 가까이에 있기 때문에 얇은 칼
집을 껍질 전체에 가늘고 어슷하게 낸다.
칼집을 내면 기름이 흘러나오는데, 그 기름
으로 껍질을 튀긴 것처럼 바삭하게 굽는다.

자욱하게 피어오르는 짚 향기가 조미료가 되어
가다랑어 살에 소박한 힘을 준다.

1 가스대 위에 사각캔을 올리고 짚을 세워서 넣는다. 빨갛게 달아오른 숯을 넣고, 옆쪽에 추가할 짚을 충분히 준비해둔다.

2 연기가 나면 껍질쪽부터 그을린다.

3 알루미늄포일로 덮고 연기를 채운다.

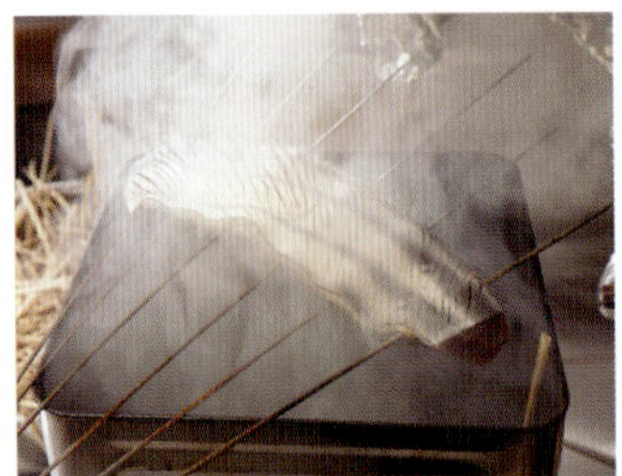

4 껍질쪽에서 기름이 배어나오고 노릇해지면 뒤집은 다음, 다시 알루미늄포일로 덮고 살쪽을 그을린다. 총 3분 정도 그을린다.

5 알루미늄포일을 벗기고 불꽃을 일으켜서 가다랑어를 굽는다. 먼저 껍질쪽부터 굽는다.

6 다음은 살쪽을 굽는다. 짚을 보충하면서 불을 쬐어 굽는다.

7 완성된 뱃살 구이.

8 완성된 등살 구이.

갯장어 I

양념구이

**소금 → 굽는다 →
양념을 발라서 굽는다**

<u>갯장어는</u> 아침에 들여와서 저녁에 사용해야 할 정도로 신선도가 매우 중요하다.
다른 생선은 들여온 후 숙성기간이 필요하지만, 갯장어는 시간이 지날수록 살이 퍼석해진다.
<u>살은</u> 담백하고 지방이 많지 않으며 맛도 강하지 않으므로, 뼈를 자른 갯장어에 유안지를 바르면서 굽는다.
유안지 맛이 충분히 배도록 굽고, 살쪽을 더 많이 익힌다. 도쿠시마산 800g짜리 갯장어를 사용하였다.

뼈를 자른다

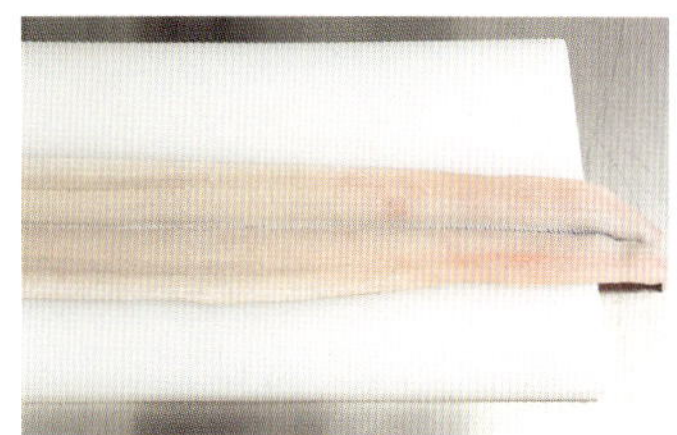

1 배를 가른 갯장어.

2 잔칼집을 내서 뼈를 자른다.

3 25㎝ 길이로 맞춰서 자른다.

꼬치를 꽂는다

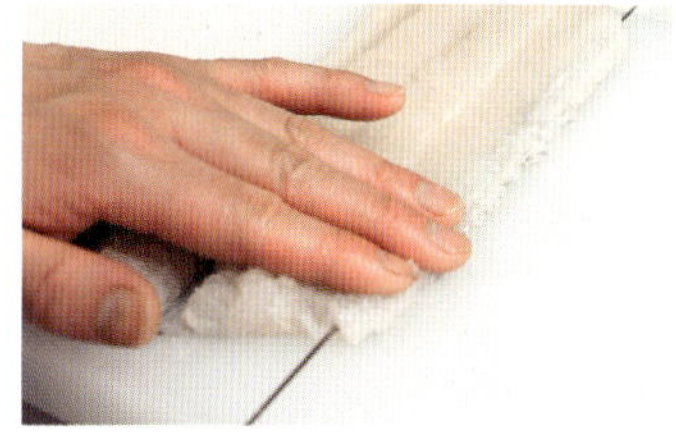

1 최대한 껍질에 가깝게 가는 꼬치를 꽂는다. 4개의 꼬치 중 양끝에는 가는 꼬치를, 가운데에는 중간 굵기의 꼬치 2개를 꽂는다.

2 꼬치를 꽂은 갯장어.

굽는다

1 불세기는 중불 4로 조절한다. 🔥4

2 껍질쪽부터 굽기 시작한다. 🔥4

3 바로 가장자리가 오그라들기 시작하므로, 재빨리 뒤집어서 살쪽을 굽는다. 먼저 껍질쪽을 살짝 구우면, 살이 둥글게 말리는 것을 막을 수 있다. 🔥4

소금을 뿌린다

소금구이의 경우에는 트레이에 소금을 얇게 깔고 껍질쪽이 아래로 가게 나란히 올린 다음, 그 위에 다시 소금을 살짝 뿌린다. 소금이 전체적으로 고르게 배도록 20분 동안 상온에 둔다.

뼈를 자른 갯장어 살점에
유안지가 고소하게 배어 있다.

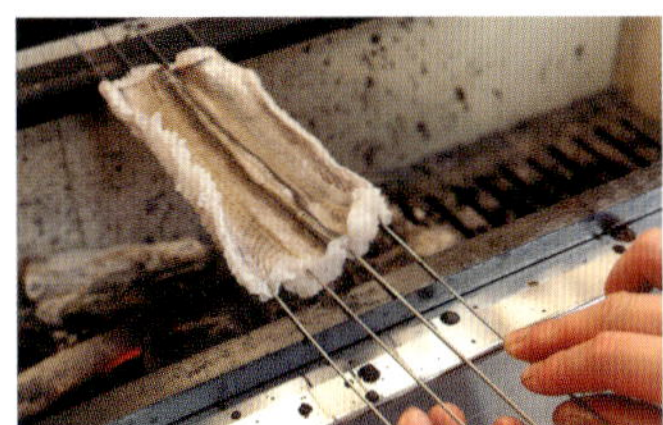

4 살이 둥글게 말리기 시작하므로, 양끝에 꽂은 꼬치로 누르면서 굽는다. 🔥4

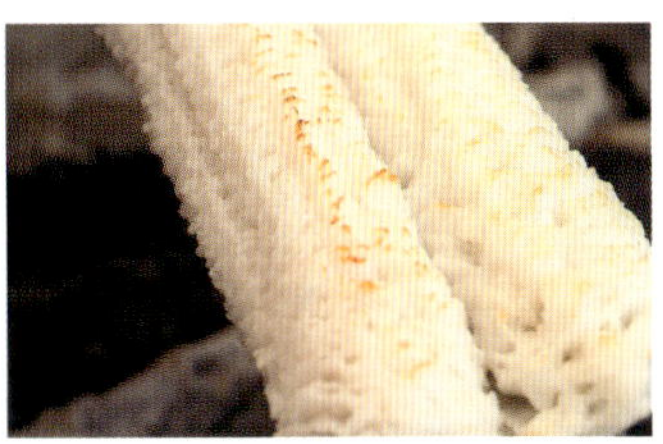

5 살쪽에 사진처럼 탄 자국이 생기기 시작하면, 불세기를 3으로 줄이고 계속 살쪽을 굽는다. 🔥3

6 사진처럼 색이 나면 불세기를 5로 올리고 뒤집어서 껍질쪽을 굽는다. 🔥5

7 살쪽에 솔로 유안지B(→ p.15)를 바른다. 양념이 아래로 떨어지면 숯의 화력이 약해지므로, 빨갛게 달아오른 숯을 옮겨서 불세기를 5로 유지한다. 🔥5

8 다시 한 번 유안지를 바른다. 🔥5

9 껍질쪽에 사진처럼 구운 색이 나면, 살쪽에 유안지를 바른 다음(3번째) 살쪽을 굽는다. 🔥5

10 껍질쪽에 처음으로 유안지를 바른다. 🔥5

11 살쪽이 마르면 뒤집어서 살쪽에 유안지를 바른다. 불세기는 5를 유지한다. 🔥5

12 껍질쪽이 마르면 뒤집어서 껍질쪽에 유안지를 바른다. 살쪽과 껍질쪽에 유안지를 1번씩 더 바른다. 🔥5

13 발라놓은 유안지가 걸쭉해지기 시작한다. 🔥5

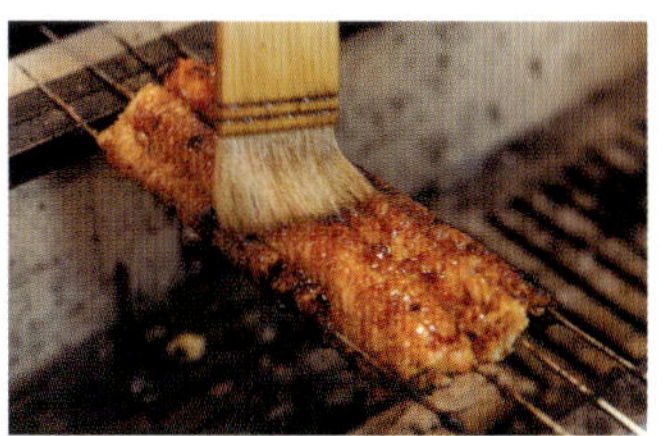

14 마무리. 살쪽에 유안지를 바르고 뒤집어서 말린다. 🔥5

15 껍질쪽에 유안지를 바른다. 유안지가 졸아들고 윤기가 나면 완성. 🔥5

16 완성된 갯장어 구이.

갯장어 II

미리 소금을 뿌린 갯장어를 꼬치에 꽂아서 굽는다.
양념구이는 살쪽에 양념 맛이 잘 배도록 살쪽을 주로 굽지만,
소금구이의 경우에는 껍질쪽을 더 많이 익혀서
바삭한 식감을 살리는 것이 중요하다.

※ 꼬치를 꽂을 때까지의 과정은 양념구이와 같다.(→ p.47)

굽는다

1 불세기를 4로 조절하고 껍질쪽부터 굽는다. 살이 오그라들면 바로 뒤집어서 살쪽을 굽는다. 🔥4

2 살이 둥글게 말리므로 양끝의 꼬치로 눌러주면서 살쪽을 굽는다. 🔥4

3 사진처럼 살짝 색이 나면 껍질쪽을 굽는다. 숯을 쌓아올려서 불세기를 5로 올린다. 🔥5

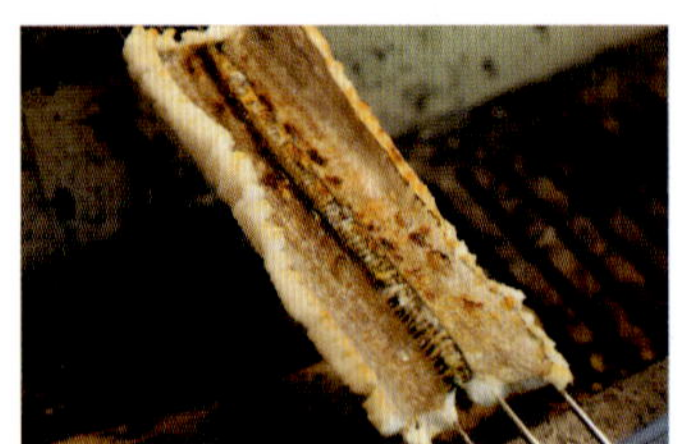

4 껍질쪽이 노릇노릇하게 잘 구워지면 살쪽을 굽는다. 🔥5

5 살쪽에 노릇노릇하게 구운 색이 나면 껍질쪽을 굽는다. 이것으로 살쪽을 익히는 작업은 끝. 🔥5

6 껍질이 바삭해지면 완성. 🔥5

7 완성된 갯장어 구이.

껍질의 바삭한 식감이 맛의 비결.

갈치

소금구이

소금 → 굽는다

얇고 긴 생선이므로 가능하면 큰 갈치를 준비한다. 갈치의 몸통 너비는 보통 손가락 4개 너비 정도이지만, 여기서는 손가락 5개 너비 정도 되는 도쿠시마산 2kg짜리 큰 갈치를 사용하였다. 이 정도면 살이 상당히 두툼하다. 3장뜨기한 갈치와 토막썰기한 갈치를 굽는 방법을 소개한다. 이처럼 크기가 큰 갈치라면 3장뜨기하는 것이 좋지만, 이 정도로 크지 않거나 알을 밴 경우에는 토막썰기하는 것이 좋다. 갈치는 비교적 수분이 많은 생선이다. 살이 얇아서 3장뜨기하면 시간이 지날수록 수분이 빠져나가므로, 약한 강불에서 단시간에 구워야 한다. 뼈째로 토막썰기한 갈치는 3장뜨기한 갈치보다 조금 약한 불에서 천천히 굽는다. 알배기인 경우에는 뱃속의 알을 찌듯이 굽는 느낌으로 가열한다.

잘라서 소금을 뿌린다(3장뜨기)

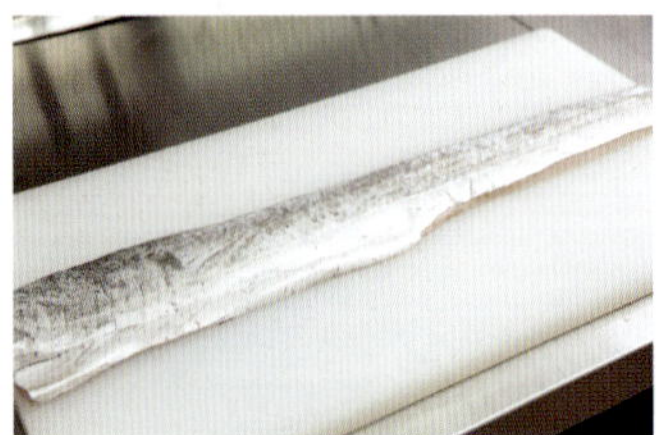

1 3장뜨기한 갈치.

2 껍질과 살 사이에 있는 지방이 빠져나오기 쉽도록 껍질쪽에 잔칼집을 얇게 낸다.

3 1장이 70g 정도가 되게 자르고, 소금을 얇게 깐 트레이에 껍질쪽이 아래로 가게 나란히 올린다. 위쪽에도 소금을 살짝 뿌리고 30분 동안 그대로 둔다. 껍질쪽이 위로 오게 놓으면 소금이 잘 배어들지 않는다.

꼬치를 꽂는다(3장뜨기)

꼬치를 꽂은 갈치. 배쪽의 얇은 살은 접어서 꽂는다. 껍질쪽에 중간 굵기의 꼬치를 꽂아서 살 사이를 꿰매듯이 통과시킨다.

잘라서 소금을 뿌린다(토막썰기)

갈치는 머리를 잘라내고 1토막이 160g 정도가 되도록 토막썰기한다. 타기 쉬운 등지느러미는 잘라낸다. 양면에 잔칼집을 내는데, 배부분은 살이 얇기 때문에 칼집을 내지 않는다. 트레이 전체에 소금을 깔고 갈치를 나란히 올린다. 위에도 소금을 살짝 뿌린다. 그대로 상온에 1시간 정도 둔다.

꼬치를 꽂는다(토막썰기)

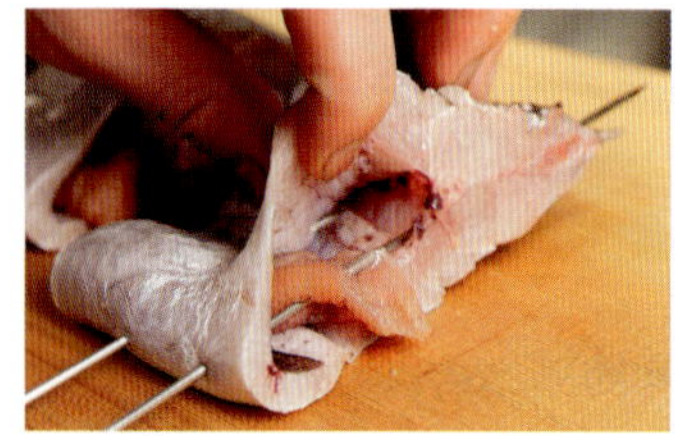

1 배쪽에서 중간 굵기의 꼬치를 꽂은 다음 가운데뼈 아래를 지나 등쪽으로 빼낸다. 2번째 꼬치는 가운데뼈 위를 지나게 꽂는다.

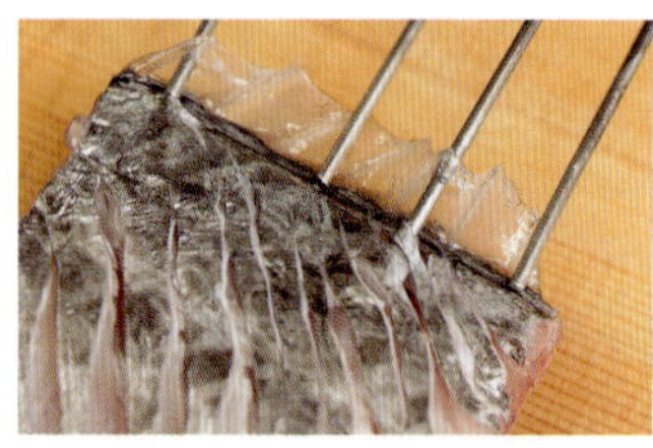

2 3번째 꼬치는 가운데뼈 아래를 지나고 4번째 꼬치는 가운데뼈 위를 지나도록 꽂아서, 가운데뼈를 사이에 두고 꼬치가 교차되게 꽂는다.

3 1토막에 꼬치를 4개씩 꽂는다.

은색 실처럼 빛나는 껍질. 살짝 구워서 그 느낌을 살렸다.

1 불세기는 중불보다 조금 강한 6으로 조절하고, 껍질쪽부터 굽기 시작한다. 살에서 수분이 많이 빠져나가지 않도록 단시간에 굽는다. 🔥6

2 사진처럼 살 주변이 하얗게 변할 정도로 익으면, 뒤집을 때가 된 것이다. 수분이 많은 만큼 빨리 익는다. 🔥6

3 사진처럼 껍질에 구운 색이 나면 뒤집어서 살쪽을 굽는다. 불세기는 6을 유지한다. 🔥6

4 살쪽에 사진처럼 구운 색이 나면 다시 껍질쪽을 굽는다. 마무리 굽기를 시작한다. 여기서부터는 구운 색을 내는 과정이다. 🔥6

5 사진처럼 구운 색이 나면 완성. 🔥6

6 완성된 갈치 구이.

1 3장뜨기한 것보다 두껍기 때문에 불세기를 4 정도로 조절하고, 접시에 담을 때 위로 오는 쪽부터 천천히 굽는다. 🔥4

2 껍질에 구운 색이 조금씩 나기 시작하면 불세기를 5로 올린다. 알이 없는 부분은 빨리 익기 때문에 주의한다. 한쪽을 30% 정도 익힌다. 🔥5

3 사진처럼 구운 색이 나면 뒤집고 불세기를 다시 4로 줄인다. 가능하면 뒤집는 횟수를 줄이기 위해 불세기를 세심하게 조절한다. 🔥4

4 구운 색이 조금 나기 시작하면 불세기를 다시 5로 올린다. 기름이 조금씩 떨어지기 시작한다. 이쪽도 30% 정도 익힌다. 🔥5

5 1번씩 더 뒤집어서 구운 색을 낸다. 불세기는 5를 유지한다. 🔥5

6 껍질이 부풀어 오르고 먹음직스럽게 구운 색이 나면 완성. 🔥5

7 완성된 갈치 구이. 알은 뱃속에서 찌듯이 구워 완전히 익혔다.

고등어

고등어 초절임 다타키

초절임 → 짚으로 연기를 내서 그을린다 → 불을 쬐어 굽는다

고등어 초절임(시메사바)을 연기로 살짝 그을려서 훈연향을 입혔다.

고등어 초절임을 색다르게 즐기는 방법.

크기가 큰 제철 고등어는 겉면을 식초에 절여도 속살에 지방이 많이 남아 있다.

강불로 구우면 껍질쪽에 낸 칼집에서 배어나온 기름이 짚에 떨어져 연기가 나서 훈연향이 잘 밴다.

회요리에 악센트로 곁들여도 좋다.

초절임

1 고등어는 3장뜨기한다.

2 트레이에 소금을 넉넉하게 깔고 고등어를 껍질이 아래로 가게 올린 다음, 그 위에 소금을 듬뿍 덮어준다.

3 3시간 동안 상온에 둔 고등어. 고등어 전체에 소금을 듬뿍 묻혀서 절이면 짠맛이 밸 뿐 아니라, 고등어에서 빠져나온 수분이 소금에 흡수되어 비린내가 고등어 전체에 배는 것을 막아준다.

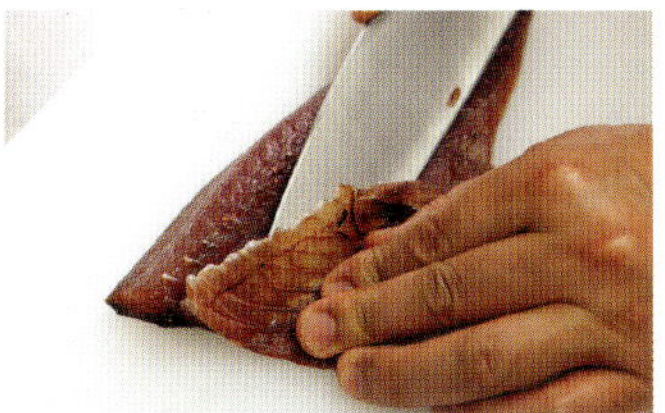

4 흐르는 물에 5분 정도 씻어서 소금기를 제거하여, 겉면에 소금기가 남지 않게 한다. 물기를 잘 닦아낸 다음, 배뼈를 제거하고 남아 있는 가운데뼈는 핀셋으로 뽑는다.

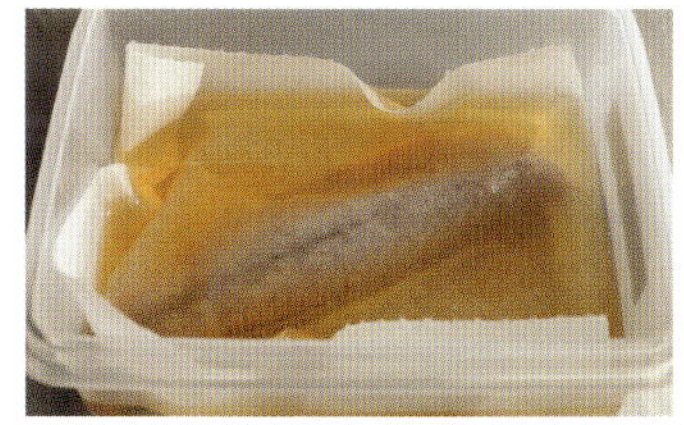

5 용기에 고등어를 넣고 첨가물이 들어 있지 않은 식초(기즈)를 붓는다. 키친타월을 덮어서 윗면까지 양념이 잘 배게 한다.

6 30분 동안 절인 고등어.

칼집을 낸다

1 머리쪽부터 껍질을 벗긴다.

2 껍질 밑에 있는 지방을 이용하는 요리이므로, 잔칼집을 어슷하게 내서 지방이 빠져나오기 쉽게 만든다.

꼬치를 꽂는다

껍질에 가깝게 꼬치를 꽂는다. 오른쪽, 왼쪽, 가운데에 1개씩 꽂고, 그 사이에 2개씩 꽂아서 모두 7개의 꼬치를 꽂는다. 크기에 따라 꼬치 개수를 조절한다.

말로 표현할 수 없는 짚의 향기가
고등어 초절임의 맛을 새롭게 만들어준다.

그을린다

1 사각캔에 짚을 세워서 넣는다. 눕혀서 넣는 것보다 불이 잘 붙는다.

2 가스대 위에 사각캔을 올린다. 불꽃이 높이 올라와도 가스대 위라면 불이 옮겨붙을 염려가 없다.

3 사각캔 안에 새빨갛게 달아오른 숯을 넣고 짚을 태워서 연기를 낸다. 부채로 부쳐서 공기를 넣어준다.

4 연기가 나기 시작하면 껍질쪽이 아래로 가게 꼬치를 올린다. 기름이 많은 껍질쪽부터 그을린다.

5 짚에 불이 붙어서 불꽃이 올라오기 시작한다. 이 상태에서 껍질쪽을 중심으로 굽는다. 기름이 떨어지기 시작하면 불꽃이 더 커진다.

6 꼬치를 뒤집어서 살쪽은 색이 살짝 변할 정도만 굽는다. 바로 다시 뒤집어서 껍질쪽을 살짝 굽는다.

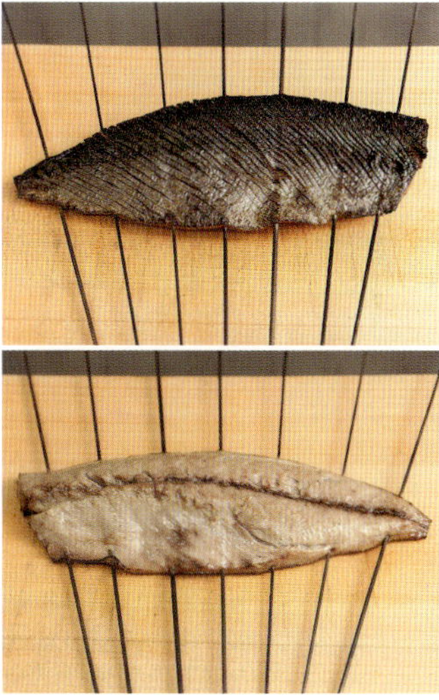

7 완성된 고등어 초절임 다타키.

꼬치고기 I

 참깨소금구이

 소금 → 굽는다 → 참깨(1번째) →
굽는다 → 참깨(2번째) → 굽는다 →
참깨(3번째) → 굽는다

<u>꼬치고기</u>는 가늘고 긴 모양의 작은 생선이므로 3장뜨기한 살 1장이 1인분이 된다.
양쪽 가장자리를 접어서 꼬치를 꽂는데, 꼬리쪽부터 머리 방향으로 꽂는다.
<u>지방이</u> 많은 생선으로 불꽃이 일어나기 쉬우므로, 그을음 냄새가 배지 않도록 숯에 재를 덮어서
불꽃이 일어나는 것을 막는다. 1마리 400g짜리 꼬치고기를 사용하였다.

자른다

1 3장뜨기한 꼬치고기. 1장이 100g 정도
된다.

2 기름이 빠져나오도록 껍질쪽 전체에 잔
칼집을 낸다.

소금을 뿌린다

트레이에 소금을 얇게 깔고 꼬치고기를 껍
질이 아래로 가게 나란히 올린다. 그 위에 소
금을 살짝 뿌리고 1시간 정도 상온에 둔다.

꼬치를 꽂는다

1 꼬리쪽을 접어서 구부린 다음 껍질쪽부
터 꼬치를 꽂는다.

2 접은 부분 끝에서 꼬치를 위로 통과시켜
고정시킨다.

3 반대쪽 가장자리도 접은 다음, 위로 올
라온 꼬치로 눌러서 꽂는다.

4 나머지 2개의 꼬치도 같은 방법으로 꽂
는데, 물결모양이 되도록 구부려서 꽂는다.

껍질쪽에 가득한 뜨거운 기름으로
참깨의 고소한 향이 살아난다.

1 불세기를 3으로 조절하고 껍질쪽부터 굽기 시작한다. 🔥3

2 지방이 많기 때문에 바로 기름이 떨어져서 연기가 나기 시작한다. 기름이 너무 많을 경우에는 숯에 재를 씌워서 불꽃이 일어나지 않게 한다. 🔥3

3 생선 겉면이 하얗게 변하고 껍질에서 기름이 빠져나오기 시작하면 뒤집는다. 기름이 말라버리기 전에 볶은 참깨를 뿌린다.(1번째) 이 과정에서 껍질쪽은 20% 정도 익는다. 🔥3

4 살쪽도 20% 정도 익힌다. 🔥3

5 뒤집어서 껍질쪽을 굽는다. 불세기를 5로 올리고, 빨갛게 달아오른 숯 위에 재를 씌운 숯을 올려서 불꽃이 일어나지 않게 한다. 🔥5

6 1개씩 뒤집어서 기름이 마르기 전에 참깨를 뿌린다.(2번째) 🔥5

7 잠시 동안 살쪽을 굽는다. 🔥5

8 살쪽이 사진처럼 구워지면 껍질쪽을 굽는다. 🔥5

9 껍질쪽이 바삭해지도록 중간에 불세기를 6으로 올린다. 🔥6

10 처음에 뿌린 참깨가 갈색으로 변하기 시작하면, 꼬치를 1개씩 뒤집어서 기름이 마르기 전에 참깨를 뿌린다.(3번째) 🔥6

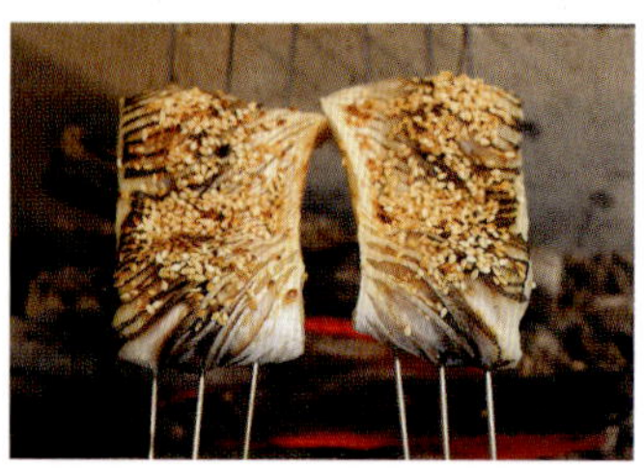

11 잠시 동안 살쪽을 굽는다. 🔥6

12 불세기를 7로 올리고 뒤집어서 껍질쪽을 굽는다. 부채로 부쳐서 불을 키운다. 🔥7

13 사진처럼 구운 색이 나면 완성. 🔥7

14 완성된 꼬치고기 구이.

꼬치고기 Ⅱ

<u>꼬치고기</u> 살로 송이를 말아서 찌듯이 굽는다.

겹쳐진 부분은 잘 익지 않기 때문에 약불로 천천히 굽고,

마무리로 알루미늄포일을 덮어 전체를 고르게 익힌다.

송이는 덜 익혀서 단단해도 맛이 없지만 지나치게 가열해도 향과 아삭한 식감이 손상되므로,

불을 잘 조절하는 것이 맛있게 굽는 비결이다.

<u>꼬치고기</u> 살로 송이를 말기 때문에 송이의 즙이 꼬치고기에 배고,

꼬치고기의 기름과 향은 송이에 배어들어 맛이 더 좋아진다.

<u>칼집</u>을 내고 소금을 뿌리는 과정까지는 참깨소금구이(→ p.58)와 같다.

여기서는 3장뜨기로 손질한 살 1장이 80g인 꼬치고기를 사용하였다.

꼬치를 꽂는다

1 송이는 갓에 칼집을 내고 손으로 가른 다음, 세로로 2등분한다. 이것을 다시 2~3 등분한다.

3 송이를 넣고 돌돌 만 꼬치고기. 접시에 담을 때 송이의 갓이 보이게 만다.

5 꼬치를 꽂은 꼬치고기.

2 꼬치고기 너비에 맞게 자른 송이를 위에 올려서 만다.

4 송이가 안에서 움직이지 않도록 가장자리를 잡고 3개의 가는 꼬치를 꽂는다.

원적외선으로 찌듯이 익힌
송이의 압도적 존재감.

1 말아서 겹쳐진 꼬치고기 살을 익히기 위해 불세기를 3으로 약하게 조절한다. 🔥3

2 담을 때 위로 오는 쪽부터 굽기 시작한다. 꼬치고기 살이 따뜻하게 데워질 때까지 약불로 굽는다. 🔥3

3 조금씩 기름이 배어나오기 시작했지만 아직 뒤집지 않는다. 🔥3

4 가끔씩 숯을 교체해서 불세기를 3으로 유지한다. 🔥3

5 기름이 많이 배어나오면 불세기를 4로 올려서, 전체적으로 기름을 빼낸다. 🔥4

6 기름이 떨어지면 뒤집는다. 이 과정에서 위쪽은 30% 정도 익는다. 🔥4

7 아래쪽에서도 기름이 배어나오면 불세기를 5~6으로 올린다. 이 과정에서 60% 정도 익힌다. 🔥5~6

8 기름이 방울방울 떨어지기 시작하면 뒤집어서 다시 위쪽을 굽는다. 🔥5~6

9 숯을 꼬치 앞뒤에 올려놓고 옆쪽을 굽는다. 둥근 모양이므로 이렇게 전체를 골고루 익힌다. 🔥5~6

10 마무리 굽기. 알루미늄포일을 덮고 아래, 옆, 위에서 열을 전달하여 굽는다. 중간에 불을 세게 키운다. 🔥6

11 꼬치를 뒤집는다. 앞뒤에 놓았던 숯을 제거하고 다시 알루미늄포일을 덮는다. 🔥6

12 송이를 손으로 눌러서 익은 정도를 확인한다. 움푹 들어가는 정도면 된다. 🔥6

13 뒤집어서 위쪽을 구워 마무리한다. 기름이 배어나오기 시작하면 완성. 🔥6

14 완성된 꼬치고기 구이.

눈볼대

 초피열매구이

 양념에 재운다 → 굽는다 →
양념을 발라서 굽는다 → 15분 휴지 →
양념을 발라서 굽는다

껍질과 살 사이의 젤라틴질이 매우 풍부한 생선이다.

2kg 정도로 큰 눈볼대가 좋지만 실제로 구하기는 힘들다.

그래도 구이를 하려면 어느 정도 두께가 있어야 하므로 가능하면 큰 눈볼대를 사용하는 것이 좋다.

눈볼대는 병어보다 지방이 많은 생선으로, 특히 추운 계절에는 지방 함유량이 상당히 많아진다.

이 시기에는 미소유안지에 초피열매를 섞은 양념을 뿌려서 굽는다.

눈볼대는 지방이 많아 양념 맛이 잘 배지 않으므로 양념을 듬뿍 올려야 한다.

초피열매 미소유안지

유안지	500g
┌ 미소	2
├ 청주	1
└ 고이쿠치 간장	1
삶은 초피열매	30g
시로쓰부미소	300g

※ 삶은 초피열매를 절구에 넣고 곱게 빻은 다음, 유안지를 넣고 섞는다. 시로쓰부미소를 넣고 잘 섞는다.

자른다

1kg 정도라면 3장뜨기하여 모양을 정리한 다음 1장을 그대로 사용한다. 이보다 큰 눈볼대라면 3장뜨기한 살을 한 번 더 잘라서 사용한다. 껍질쪽에 잔칼집을 내서 조금씩 배어나오는 기름으로 바삭하게 굽는다.

재운다

용기에 초피열매 미소유안지를 붓고 눈볼대를 나란히 담는다. 위에 키친타월을 덮어 윗면까지 미소유안지가 잘 배게 한 다음, 90분 동안 그대로 둔다.

꼬치를 꽂는다

꼬리에서 머리 방향으로 꼬치를 꽂는다. 오른쪽, 왼쪽, 가운데 순서로 3개의 꼬치를 꽂는다. 물결모양이 되도록 구부린 다음 양쪽 끝을 접어서 꽂는다.

굽는다

1 접시에 담을 때 위로 오는 껍질쪽부터 먼저 굽는다. 불세기는 약하게 2로 조절한다. 🔥2

2 껍질이 마르고 살짝 색이 변하면 뒤집는다. 이 과정에서 껍질쪽은 20% 정도 익은 상태. 🔥2

3 살쪽을 굽는다. 겉면이 마르고 색이 변할 때까지 굽는다. 살쪽도 20% 정도 익힌다. 🔥2

눈볼대의 풍부한 젤라틴질과 지방에는
맛과 색이 진한 미소유안지가 제격.

4 일단 불에서 내려서 덧바르기 양념을 듬뿍 끼얹는다. 양념은 미소유안지(→ p.16)에 삶은 초피열매를 알갱이째 넣은 것이다.

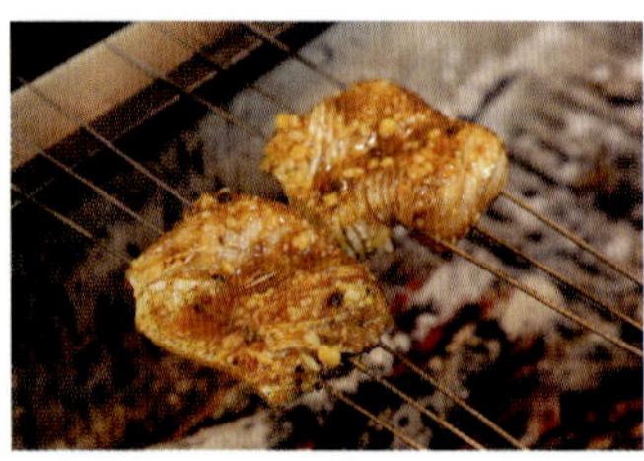

5 접시에 담을 때 위로 오는 껍질쪽에 덧바르기 양념이 잘 남아 있도록, 살쪽부터 30% 정도 익힌다. 🔥2

6 뒤집어서 껍질쪽을 굽는다. 불세기는 계속 2를 유지한다. 양념이 숯에 떨어지면 온도가 내려가므로 주의한다. 🔥2

7 불이 없는 쪽에서 양념을 듬뿍 올린 다음, 살쪽을 살짝 굽는다. 🔥2

8 바로 불에서 내리고 15분 정도 휴지시킨다. 남은 열로 60% 정도 익는다.

9 불세기를 3~4로 올리고 살쪽부터 구워서 따뜻하게 데운다. 🔥3~4

10 뒤집어서 껍질쪽도 같은 방법으로 굽는다. 🔥3~4

11 불에서 내리고 덧바르기 양념을 듬뿍 올린다.

12 양념이 떨어지면 온도가 내려가기 쉬우므로, 새빨갛게 달아오른 숯을 쌓아서 불세기를 6~7 정도로 올린다. 살쪽부터 먼저 굽는데 수분이 오래 유지되는 미소유안지를 올렸기 때문에, 강불에서도 잘 타지 않는다. 🔥6~7

13 뒤집어서 껍질쪽을 굽는다. 🔥6~7

14 불에서 내려 양념을 올린다.

15 불세기를 8까지 올린 다음, 살쪽과 껍질쪽을 구워서 완성한다. 🔥8

16 완성된 눈볼대 구이. 꼬치를 제거하고 초피열매를 뿌려서 접시에 담는다.

닭새우

닭새우는 빨리 상하기 때문에 보통은 톱밥 등을 함께 넣어서 살아 있는 상태로 유통된다.

살아 있을 때의 모습을 잘 살려서 접시에 담기 위해서는

더듬이나 다리가 부러지지 않고 껍질 색깔이 고운 것이 좋다.

구이요리를 할 때도 손질한 닭새우를 그날 바로 사용하는 것이 가장 좋다.

성게알구이에는 껍질을 제거한 살 무게가 80g 정도 되는 큰 닭새우를 사용한다.

먼저 닭새우 살을 그대로 살짝 구운 다음 성게알 옷을 입히고, 강불로 옷을 말리면서 새우를 익힌다.

성게알 옷의 열이 새우살에 은은하게 전달된다. 새우살이 30% 정도 덜 익은 상태에서 마무리한다.

성게알 옷도 완전히 익히지 않고 완성한다.

성게알 옷(3마리 분량)

달걀노른자	2개 분량
생 성게(껍질제거)	150g

1 성게와 달걀노른자를 섞은 다음 국자 등으로 눌러서 부드럽게 으깬다.

2 닭새우에 입히기 위해 성게알 옷을 부드럽고 걸쭉하게 만들어야 하지만, 성게알의 질감이 조금 남아 있어도 좋다.

소금을 뿌린다

1 소금을 얇게 깐 트레이 위에 닭새우 살을 등이 위로 오게 나란히 올리고, 그 위에 다시 소금을 뿌린다. 트레이 바닥보다 위쪽에 소금을 조금 더 많이 뿌린다. 소금은 위에서 아래로 스며들기 때문에 위쪽을 넉넉하게 뿌려야 한다. 또한 배가 위로 오게 놓으면 등은 둥글기 때문에 소금이 닿지 않는 부분이 생기므로 주의한다. 이 상태로 5분 동안 그대로 둔다.

2 5분이 지나면 사진처럼 소금이 녹아서 살 속으로 배어든다.

1 꼬치를 꼬리에서 머리 방향으로(작은 쪽에서 큰 쪽으로), 높이의 중간 정도에 꽂는다. 살이 부서지지 않도록 천천히 꽂는다.

2 왼쪽에도 꼬치 1개를 더 꽂고 모양을 잘 정리한다.

3 꼬치를 꽂은 닭새우.

1 닭새우는 등쪽부터 불세기 10으로 굽기 시작한다. 빨갛게 달아오른 숯을 닭새우 가까이 쌓아올려서 온도를 올린다. 🔥10

2 다타키처럼 겉면이 살짝 하얗게 변하면 뒤집어서 배쪽을 굽는다. 🔥10

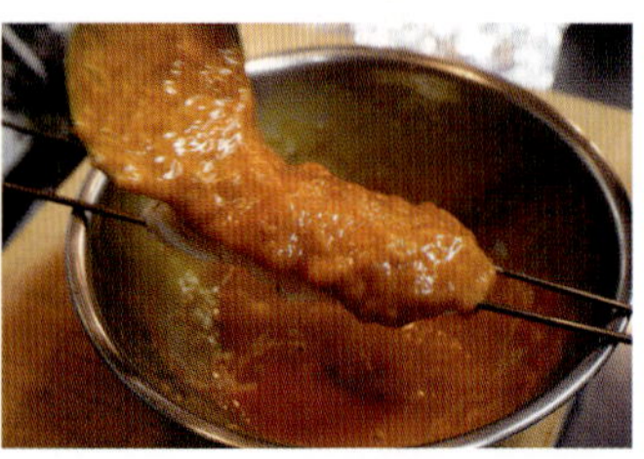

3 양면을 구운 다음 성게알 옷을 전체에 입힌다.

4 불세기 10으로 등쪽부터 성게알 옷을 말린다. 🔥10

5 마르면 뒤집어서 배쪽의 성게알 옷도 불세기 10으로 말린다. 🔥10

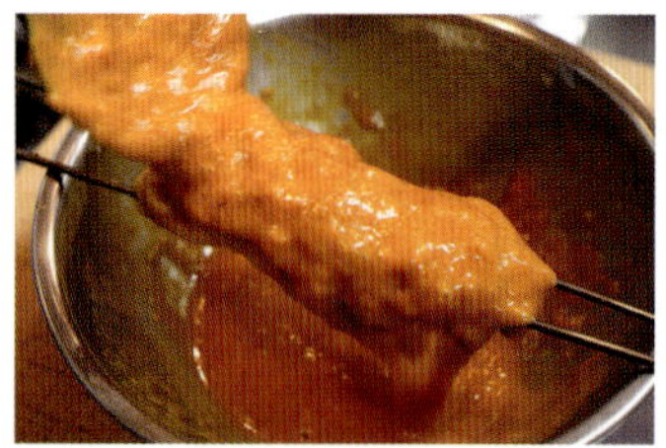

6 다시 전체적으로 성게알 옷을 입힌다. 등쪽과 배쪽을 구워서 성게알 옷을 말린 다음, 3번째로 성게알 옷을 입힌다. 같은 방법으로 양쪽을 구워서 말린다. 🔥10

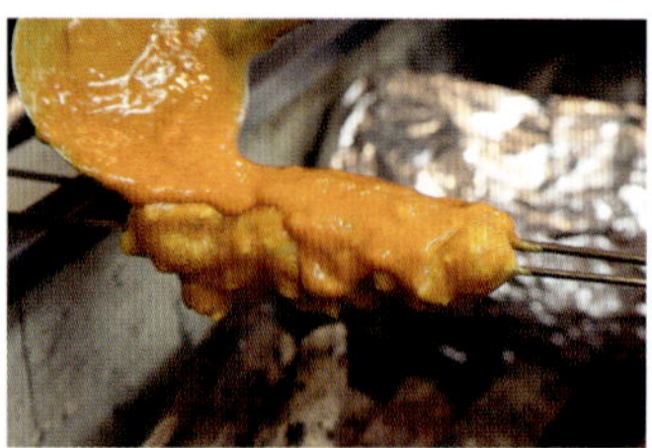

7 불세기 7의 중불로 옮겨서 등쪽에 성게알 옷을 올린다. 뒤집어서 성게알 옷을 말린다. 배쪽에도 성게알 옷을 올린다. 🔥7

8 마무리. 성게알 옷이 떨어지지 않도록 꼬치를 천천히 돌리면서, 등쪽에 성게알 옷을 올려서 말린다. 🔥7

9 완성된 닭새우 구이. 꼬치를 돌려서 빼낸다.

10 잘라보면 속은 완전히 익지 않은 상태이다. 성게알 옷은 몇 겹으로 겹쳐 있다. 성게알 옷에도 덜 익은 부분이 남아 있는 상태로 마무리한다.

맛이 진한 성게알에 싸인 닭새우의
탱탱한 식감과 단맛.

벤자리

과정　소금 → 굽는다 → 참깨(1번째) →
굽는다 → 참깨(2번째) → 굽는다 →
참깨(3번째) → 굽는다

소금으로 밑간을 한 벤자리에 볶은 참깨를 뿌려서 향과 식감에 변화를 주었다.

껍질쪽에 낸 잔칼집에서 기름이 조금씩 배어나오면 3번에 나눠서 참깨를 뿌린다.

배어나온 기름에 참깨가 튀겨져서 참깨의 향이 밸 뿐 아니라, 오돌토돌한 식감도 생긴다.

참깨를 3번에 나눠서 뿌리면 참깨 색깔에 차이가 생겨서 보기 좋다.

1마리 500g짜리 벤자리를 사용하였다.

자른다

1 3장뜨기한다.

2 기름이 빠져나오기 쉽게 껍질쪽 전체에
잔칼집을 어슷하게 낸다.

3 1조각이 80g이 되게 자른다. 구이에는
머리쪽 살을 사용한다.

소금을 뿌린다

트레이에 소금을 얇게 깔고 껍질쪽이 아래
로 가게 나란히 올린 다음, 그 위에 다시 소
금을 뿌려서 전체에 소금이 잘 배게 한다.
상온에 1시간 둔다.

꼬치를 꽂는다

배쪽의 얇은 살은 접어서 겹친 다음, 껍질
쪽부터 꿰매듯이 꼬치를 꽂는다. 생선살의
크기에 따라 꼬치 개수를 조절한다. 여기서
는 중간 굵기의 꼬치 4개를 사용하였다.

기름에 튀겨진 참깨가 벤자리와 하나가 되어
고소한 맛과 오돌토돌한 식감을 만들어낸다.

1 불세기를 3으로 약하게 조절하고 껍질쪽부터 굽기 시작한다. 천천히 구워서 기름을 빼낸다. 🔥3

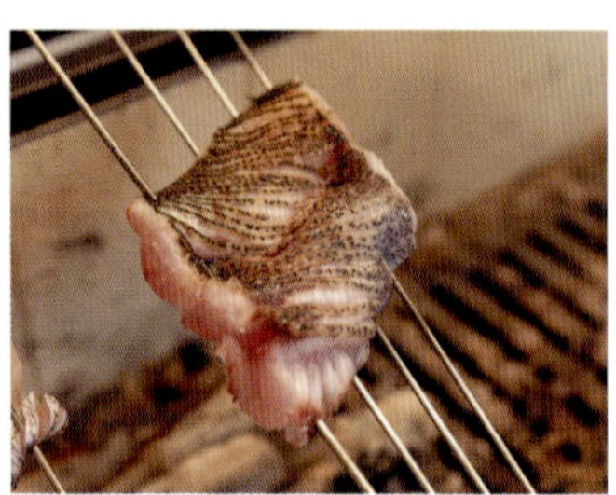

2 기름이 어느 정도 나오면 뒤집어서 살쪽을 굽는다. 이 과정에서 껍질쪽은 20% 정도 익은 상태. 🔥3

3 껍질쪽에 배어나온 기름 위에 볶은 참깨를 뿌린다.(1번째) 🔥3

4 살쪽이 20% 정도 익으면 뒤집어서 껍질쪽을 굽는다. 🔥3

5 빨갛게 달아오른 숯을 쌓아올려서 불세기를 5로 올린다. 🔥5

6 껍질쪽에 다시 기름이 배어나오면 뒤집은 다음, 기름이 말라버리기 전에 볶은 참깨를 한 번 더 뿌린다.(2번째) 마르면 참깨가 붙지 않는다. 🔥5

7 뒤집어서 껍질쪽을 굽는다. 불세기를 5~6으로 올린다. 🔥5~6

8 참깨가 먹음직스럽게 구워지면 뒤집는다. 기름이 마르기 전에 다시 볶은 참깨를 뿌린다.(3번째) 🔥5~6

9 마무리 굽기. 불세기를 7로 올린다. 🔥7

10 사진처럼 살쪽에 먹음직스럽게 구운 색이 나면 껍질쪽을 굽는다. 참깨가 톡톡 튄다. 부채로 부쳐서 불을 세게 키운다. 🔥7

11 완성된 벤자리 구이.

병어 I

유안야키

**재운다 → 굽는다 → 양념을 발라서 굽는다
→ 20분 휴지 → 양념을 발라서 굽는다**

몸색깔은 금속처럼 보이는 은색으로, 납작한 모양의 고급생선이다. 일본에
서는 와카야마[和歌山]현이나 세토나이[瀨戶內]해, 고치[高知] 등이 병어로
유명하며 관서 지방에서 많이 먹는데, 최근에는 관동 지방에서도 유통되고
있다. 한국의 경우 남해와 서해에서 주로 잡힌다.

여기서는 2.5kg짜리 큰 병어를 사용하였다. 수분이 적고 육질이 촘촘하며
섬세하고 질이 좋은 지방을 함유하였다.

병어는 육질이 촘촘하고 부드럽기 때문에 겉면에 양념이 잘 묻지 않으므로,
삼치 등 다른 생선보다 양념을 더 많이 발라야 한다. 또한 삼치보다 지방이
적어서 구운 색이 잘 나지 않으므로 더 많이 뒤집는다.

중간에 20분 정도 불에서 내려 휴지시키는데, 삼치보다 수분이 적어서
남은 열로 익는 양도 적다. 그래서 마무리 과정에서 좀 더 익힌다.

유안지

맛술	2
청주	1
고이쿠치 간장	1
유자 슬라이스	적당량

덧바르기 양념

유안지	적당량
다진 유자껍질	적당량

※ 유안지를 만들 때는 맛술과 청주를 끓여서
알코올을 날리고, 식으면 간장을 넣어 섞는다.

자른다

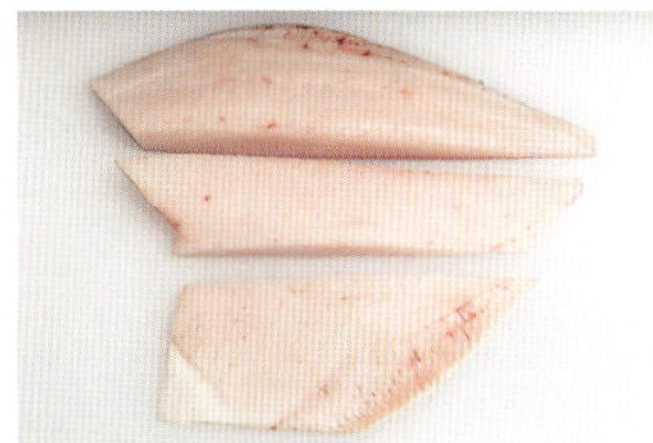

1 3장뜨기로 손질한 병어의 한쪽 살을 3
등분한다. 작은 것은 2등분해도 좋다.

2 1을 다시 잘라서 조각낸다. 등살은 1조
각이 70g 정도, 뱃살은 지방이 많기 때문
에 60g 정도로 자르면 알맞다. 등살과 뱃
살 모두 양끝의 조각은 모양이 보기 좋지
않으므로, 구이에는 사용하지 않는다.

3 껍질쪽에 잔칼집을 내면 기름이 배어나
와 고소하게 구울 수 있다.

재운다

1 자른 생선살을 유안지에 담그고 유자 슬
라이스를 올린다. 위에 키친타월을 덮어서
윗면까지 유안지가 잘 배게 한 다음, 1시간
30분 동안 상온에 둔다.

2 유안지에서 건져낸 병어.

꼬치를 꽂는다

꼬치를 꽂은 병어. 얇은 부분은 접어서 꽂
고, 살을 물결모양으로 구부려서 꼬치를 통
과시킨다. 왼쪽은 뱃살, 가운데는 등살, 오
른쪽은 가운뎃살.

천천히 촉촉하게 맛이 배어든
매끈하고 고급스러운 생선살.

1 껍질쪽부터 굽기 시작한다. 타기 쉬우므로 불세기는 약하게 2로 조절한다. 유안지가 잘 발라지도록 겉면을 말린다. 🔥2

2 껍질에 옅은 색이 나기 시작하면 뒤집어서 살쪽을 굽는다. 이 과정에서 껍질쪽은 20% 정도 익은 상태. 🔥2

3 껍질쪽에 솔로 덧바르기 양념을 바른다. 양념이 숯에 떨어지면 화력이 떨어지므로, 숯을 교체한다. 🔥2

4 살쪽도 20% 정도 구워지면 뒤집어서 껍질쪽을 굽는다. 살쪽에도 솔로 덧바르기 양념을 바른다. 껍질쪽이 30~40% 정도 익으면 다시 한 번 살쪽에 양념을 바르고, 뒤집어서 살쪽을 굽는다. 🔥2

5 껍질쪽에 덧바르기 양념을 바른다. 살쪽도 같은 방법으로 30~40% 정도 익힌다. 🔥2

6 마르지 않도록 양쪽에 양념을 바르고, 불에서 내려 20분 동안 휴지시킨다.

7 불세기를 3~4로 조절하고, 휴지시킨 병어를 살쪽부터 다시 굽는다. 껍질쪽에 덧바르기 양념을 바른다. 🔥3~4

8 뒤집어서 살쪽에도 덧바르기 양념을 바른다. 🔥3~4

9 껍질쪽이 마르면 뒤집는다. 윤기가 나고 구운 색이 날 때까지, 여러 번 양념을 바르고 뒤집는 과정을 반복한다. 🔥3~4

10 마무리 굽기. 불세기를 6 정도로 올린다. 번갈아 뒤집어서 양념을 발라 굽는다. 🔥6

11 완성된 병어 구이. 꼬치를 돌려서 뺀다.

병어 II

<u>유안지에</u> 미소를 넣어서 맛에 볼륨감을 더했다.
<u>유자껍질을</u> 넣은 미소유안지를 끼얹으면서 굽고, 남은 열로 20분 동안 부드럽게 익혀서 촉촉하게 완성한다.
미소유안지의 강한 맛과 균형을 맞추기 위해 접시에 담을 때 다진 유자껍질을 뿌린다.

※ 꼬치를 꽂는 과정까지는 유안야키(→ p.73)와 같다. 단, 유안지는 미소유안지로 대체한다.

미소유안지

유안지	800cc
시로쓰부미소	300g

※ 유안지(→ p.73)에 시로쓰부미소를 넣고 섞는다.

덧바르기 양념

유안지	800cc
시로쓰부미소	600g
다진 유자껍질	적당량

※ 유안지(→ p.73)에 시로쓰부미소와 유자껍질을 넣고 섞는다.

굽는다

1 껍질쪽부터 굽기 시작한다. 겉면을 말리면 양념이 잘 발라진다. ♨2

2 껍질쪽에 구운 색이 살짝 나고 마르면 뒤집어서 살쪽을 굽는다. 이 과정에서 껍질쪽은 20% 정도 익은 상태. ♨2

3 양쪽이 마르면 덧바르기 양념을 끼얹는다.

4 양념이 숯에 떨어져서 화력이 약해지므로, 숯을 교체해서 화력을 높인다. 얇은 살과 두꺼운 살을 동시에 완성하고 싶을 때는 얇은 살을 불이 약한 쪽으로 옮기는 방법 등으로 조절한다. ♨3~4

5 살쪽부터 굽는다. ♨3~4

6 30% 정도 익으면 뒤집어서 껍질쪽을 굽는다. 계속 숯을 교체하여 화력을 유지한다. ♨3~4

마무리로 끼얹은 미소를 바삭하게 굽는다.

7 껍질쪽이 30% 정도 익으면 다시 한 번 뒤집어서 살쪽을 말린다. 🔥3~4

8 살쪽이 마르면 불에서 내려 덧바르기 양념을 골고루 끼얹는다.

9 살쪽을 40% 정도 익힌다. 🔥3~4

10 뒤집어서 껍질쪽도 40% 정도 익힌다. 🔥3~4

11 겉면이 마르지 않도록 덧바르기 양념을 끼얹어서 20분 동안 휴지시킨다.

12 살쪽부터 굽는다. 껍질쪽부터 구우면 양념이 떨어질 수 있고 불이 너무 세면 탈 수 있으므로, 살쪽부터 구워서 불세기를 확인한다. 🔥3~4

13 뒤집어서 껍질쪽을 굽는다. 🔥3~4

14 덧바르기 양념을 골고루 끼얹는다.

15 살쪽부터 굽는다. 불을 조금 세게 키우기 위해 숯을 쌓아올린다. 약불로 계속 구우면 수분이 빠져나가 살이 퍼석해진다. 🔥4

16 뒤집어서 불세기를 6~7로 조절한다. 덧바르기 양념에 미소를 넣어서 유안지보다 수분이 오래 유지되고, 온도가 잘 올라가지 않으므로 강불로 굽는다. 🔥6~7

17 덧바르기 양념을 골고루 끼얹어서 살쪽과 껍질쪽을 말린 다음, 빨갛게 달군 숯을 쌓아올려서 불세기를 8~9로 올린다. 몇 번 뒤집어준다. 🔥8~9

18 강불로 미소를 충분히 굽는다. 🔥8~9

병어 Ⅲ

 ## 미소절임구이

 **소금 → 절인다 → 굽는다 →
맛술을 발라서 굽는다**

미소절임 양념은 미소와 청주, 맛술로 만든다. 청주를 많이 넣으면 구운 다음에도 청주의 향이 살아 있다. 반대로 맛술만 넣으면 수분이 빠져나가 살이 응축되어 단단해진다. 각각의 장점을 잘 살릴 수 있는 배합을 찾는 것이 중요하다.

미소에 절이면 생선에서 수분이 빠져나와 익는 데 시간이 걸리기 때문에, 타지 않도록 약불로 천천히 오래 굽는다.

미소절임 양념

시로쓰부미소	2kg
맛술	215cc
청주	50cc

※ 미소에 맛술과 청주를 몇 번에 나눠서 조금씩 넣고 거품기로 잘 섞는다.

소금을 뿌린다

트레이에 소금을 얇게 깔고 자른 생선살(1장 80g)을 올린다. 그 위에 다시 소금을 뿌리고 상온에 1시간 둔다.

절인다

1 밀폐용기에 미소절임 양념을 넣고 얇고 평평하게 편다.

2 위에 거즈 1장을 깐다. 생선살을 덮어야 하므로 앞쪽의 거즈를 길게 남겨둔다.

3 껍질쪽이 아래로 가고, 겹치지 않게 나란히 올린다.

4 앞쪽의 거즈로 생선살을 덮는다.

5 미소절임 양념을 조금 두껍게 덮어준다. 미소는 위에서 아래로 퍼지기 때문에 위는 두껍게 덮고, 아래는 얇게 깐다. 거즈를 덮어서 냉장고에 넣는다.

6 3일 후부터 사용한다. 밀폐용기에 생선 이름과 절인 날짜를 표시해 둔다.

속까지 천천히 스며든 미소와
질 좋은 지방의 조화로운 밸런스.

오른쪽부터 시작해서 왼쪽, 가운데 순서로
꽂는다. 살이 얇은 배쪽은 접어서 꽂는다.

굽는다

1 새빨갛게 달아오른 숯이 아니라, 하얀
재가 주위에 묻어 있는 숯이 좋다. 🔥**2~3**

2 껍질쪽부터 굽기 시작한다. 🔥**2~3**

3 구운 색이 살짝 나기 시작하면 뒤집어서
살쪽을 굽는다. 🔥**2~3**

4 옆면을 보고 살쪽도 옆면만큼 익으면 뒤
집는다. 🔥**2~3**

5 껍질쪽을 굽는다. 🔥**2~3**

6 껍질쪽의 구운 색이 진해지면 뒤집어서
살쪽을 굽는다. 삼치보다 살이 얇기 때문에
뒤집는 횟수는 적다. 🔥**2~3**

7 불세기를 3~4로 올리고 껍질에 솔로 맛
술을 바른다. 맛술이 떨어져서 생기는 연기
로 병어를 그을린다. 🔥**3~4**

8 뒤집어서 살쪽에도 맛술을 바른다.
🔥**3~4**

9 뒤집어서 살쪽을 구워 마무리한다. 타기
직전까지 구워서 윤기를 낸다. 🔥**3~4**

보리새우

오니가라야키

소금(머리+꼬리) → 굽는다

보리새우의 고운 붉은색과 머리와 꼬리의 아름다운 자태를 살려서 껍질째 구운
'오니가라야키'를 소개한다. 머리와 꼬리에 소금을 살짝 뿌려서 타지 않게 구웠다.
겉면의 껍질을 강불로 단시간에 굽고 남은 열을 이용하여 촉촉하게 익히는데,
새우살 속에 덜 익은 부분이 살짝 남아 있는 상태로 완성하는 것이 포인트이다.
머리부분은 따로 까맣게 구워서 껍질을 벗기고 제공해도 좋다.

▍꼬치를 꽂는다

1 더듬이 밑에 붙어 있는 1쌍의 지느러미
모양의 부위를 펼쳐서 얼굴모양을 만든다.

2 펼치는 것이 보기 좋다.

3 꼬리지느러미를 편다. 꼬리의 가장 바깥
쪽 지느러미를 펼친 다음, 옆의 지느러미
위에 걸쳐서 꺾는다.

4 펼친 상태. 다른 한쪽도 같은 방법으로
펼쳐서 꼬리지느러미를 부채모양으로 만
든다.

5 배가 위로 오게 잡고, 꼬리지느러미에
붙어 있는 뾰족한 물총 위쪽으로 꼬치를 꽂
는다.

6 배쪽 껍질에 최대한 가깝게 꼬치를 통
과시켜서 머리 바로 앞에서 빼낸다. 이렇게
하면 머리부분이 젖혀져서 보기 좋은 모양
이 된다. 새우 몸통을 똑바로 펴고 싶을 때
는 머리 끝까지 그대로 통과시키면 된다.

7 대나무꼬치를 쇠꼬치 아래로 통과시켜
서 모양을 잡아준다. 대나무꼬치를 꽂지 않
으면 익으면서 새우 몸통이 돌아간다.

8 꼬치를 꽂은 보리새우. 굽기 직전에 머리
와 꼬리지느러미를 물에 적신 다음 소금을
뿌린다. 타기 쉬운 부분에 골고루 뿌린다.

익은 새우의 단맛과
탱글탱글한 생새우의 식감을 모두 즐긴다.

1 불세기를 8로 강하게 조절한다. 숯을 평평하게 쌓아서 새우를 전체적으로 고르게 익힌다. 🔥8

2 등쪽부터 굽기 시작한다. 머리부분에도 불을 잘 쬐어준다. 🔥8

3 구운 색이 나기 시작하면 뒤집어서 배쪽을 굽는다. 몇 번 반복하여 양쪽 모두 고르게 익힌다. 불세기는 계속 8을 유지한다. 🔥8

4 양옆도 강불로 살짝 굽는다. 🔥8

5 완성된 보리새우 구이.

1마리만 구울 때는 양쪽에 지지대를 놓고 대나무꼬치를 걸쳐두면, 안정적으로 구울 수 있다.

복어 I

내장 등 독이 있는 부위를 제거하고 손질한 복어살을 말려서 사용한다.
구울 때는 살 주위의 얇은 껍질을 벗기지 않고 구워야 더 맛이 좋다.
소금을 뿌리고 청주로 씻어낸 다음, 채반에 올려 바람이 잘 통하는 곳에 두고 반나절 정도 말린다.
적당한 장소가 없을 때는 냉장고 속 냉풍이 닿는 곳에 두고 말려도 좋다.
살이 얇지만 강불로 재빨리 굽지 않고 약불로 천천히 구워서,
수분을 빼고 감칠맛을 응축시킨다.

갈라서 펼친다

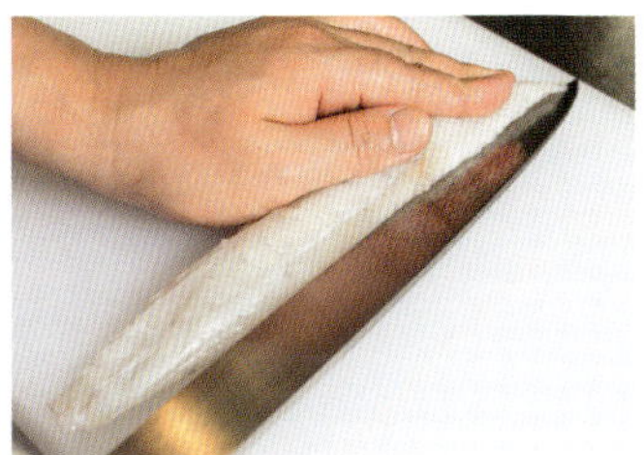

1 3장뜨기한 복어살. 살을 감싸고 있는 얇은 껍질은 그대로 남겨둔다.

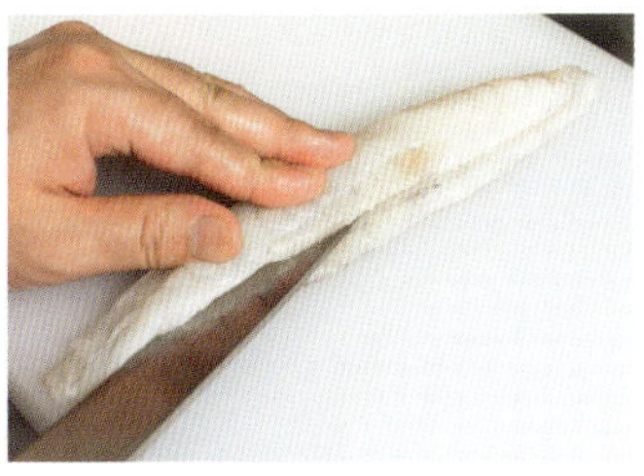

2 등쪽에 칼을 넣어 살을 갈라서 펼친다.

바람에 말린다

1 트레이에 소금을 뿌리고 바깥쪽(얇은 껍질쪽)이 아래로 가게 나란히 올린다. 위에 소금을 더 뿌리고 냉장고에 넣어서 1시간 정도 둔다.

2 청주로 살짝 씻어내고 채반에 나란히 올린 다음, 바람이 잘 통하고 햇빛이 드는 곳에서 반나절 동안 말린다.

3 말린 복어살. 수분이 빠져나가고 감칠맛이 응축되어 옅은 갈색이 된다.

꼬치를 꽂는다

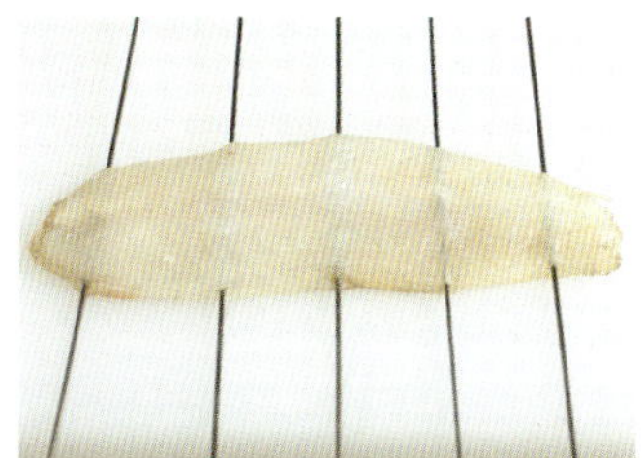

굽기 좋게 가는 꼬치를 5개 꽂는다. 꼬치는 두께의 중간 정도에 꽂는다.

바람에 말린 복어를 천천히
오래 구워서 감칠맛이 응축되었다.

1 불세기는 2로 약하게 조절한다. 🔥2

2 얇은 껍질이 붙어 있는 바깥쪽부터 굽기 시작한다. 🔥2

3 사진처럼 살짝 노릇하게 변하고 살이 오그라들기 시작하면 뒤집는다. 🔥2

4 안쪽을 굽는다. 바깥쪽에서 수분이 배어 나오면 불세기를 3으로 올린다. 🔥3

5 뒤집어서 바깥쪽을 구워 구운 색을 낸다. 안쪽살이 점점 부풀어 오른다. 🔥3

6 뒤집어서 안쪽을 굽는다. 구운 색이 살짝 나기 시작했다. 🔥3

7 불세기를 8로 올려서 바깥쪽을 굽는다. 🔥8

8 바깥쪽에 구운 색이 나면 뒤집어서 안쪽에도 구운 색을 낸다. 🔥8

9 완성된 복어 구이. 위의 사진은 안쪽, 아래 사진은 바깥쪽이다.

복어II

양념구이

**재운다 → 굽는다 →
양념을 발라서 굽는다**

토막낸 복어를 유안지에 재운 다음 노릇하게 굽는다.
복어를 큼직하게 토막내면 살이 오그라들지 않고,
뼈째로 굽기 때문에 뼈 주위의 맛있는 살을 맛볼 수 있다.
여기서 사용한 것은 1마리 330g짜리 자주복이다.

유안지

맛술	3
청주	1
고이쿠치 간장	1.5

※ 맛술과 청주를 끓여서 알코올을 날리고 식
힌 다음, 간장을 넣어 섞는다.

재운다

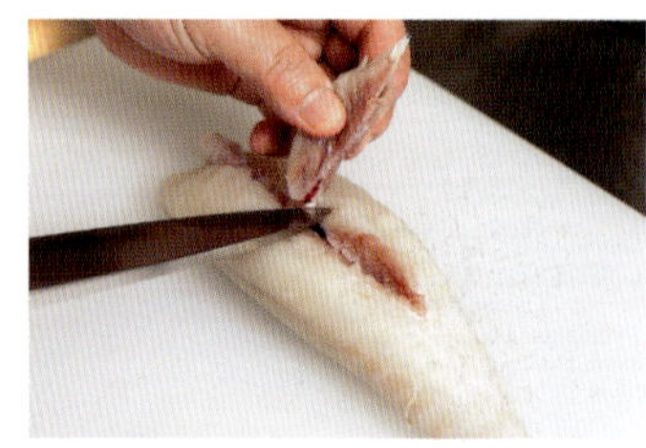

1 복어 배쪽에 있는 단단한 뼈를 칼로 잘
라낸다.

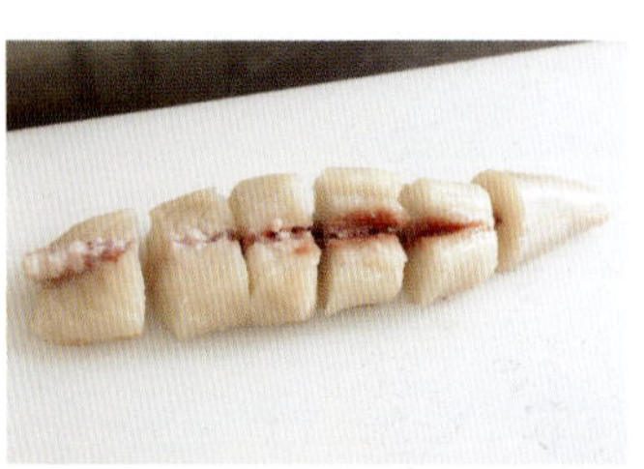

2 생선용 칼로 1조각을 60g 정도로 토막
낸다.

3 밀폐용기에 토막낸 복어를 나란히 담고
유안지를 붓는다. 윗면까지 전체에 유안지
가 잘 배도록 키친타월을 덮고 30분 동안
그대로 둔다.

꼬치를 꽂는다

두께의 중간 정도에 중간 굵기의 꼬치를 2
개씩 꽂는다.

유안지가 걸쭉하게 졸아들어
노릇하게 구워진 복어살을 고소하게 감싸준다.

1 불세기를 4로 조절하여 굽기 시작한다. ♨**4**

2 겉면이 익어 사진처럼 하얗게 변하면 뒤집는다. ♨**4**

3 뒤집은 면이 20% 정도 익으면 불세기를 6으로 올린다. ♨**6**

4 유안지를 바른다. 바르고 뒤집는 과정을 여러 번 반복한다. 불세기는 계속 6을 유지한다. ♨**6**

5 노릇하게 구운 색이 나기 시작했다. ♨**6**

6 다시 유안지를 바르면서 굽는다. 유안지가 숯에 떨어져서 생기는 연기에 복어살을 그을린다. ♨**6**

7 불세기를 8로 올리고 마무리 굽기를 시작한다. 유안지가 걸쭉해지면 완성. ♨**8**

8 사진처럼 먹음직스럽게 구운 색을 낸다. ♨**8**

9 완성된 복어 구이.

붕장어

양념구이

굽는다 → 양념을 발라서 굽는다

붕장어(아나고)는 큰 것은 몸길이가 1m 정도 되는데, 튀김요리에는 작은 것을 사용하고 구이에는 1마리가 200~300g 정도 되는 것을 사용한다.
몸 전체가 미끌미끌한 점액질에 싸여 있는데 점액질은 구우면 없어지므로, 준비과정에서 힘들게 점액질을 완전히 없앨 필요는 없다. 등가르기를 하고 미리 구워서 완전히 익힌 다음 양념을 발라서 굽는다.
껍질은 바삭하고 살은 부드럽게 굽기 위해, 껍질쪽은 강불로 굽고 살쪽은 불을 조금 약하게 줄여서 굽는다.

유안지

맛술	2
청주	1
고이쿠치 간장	1

※ 맛술과 청주를 끓여서 식힌 다음 간장을 넣어 섞는다.

잔뼈를 제거한다

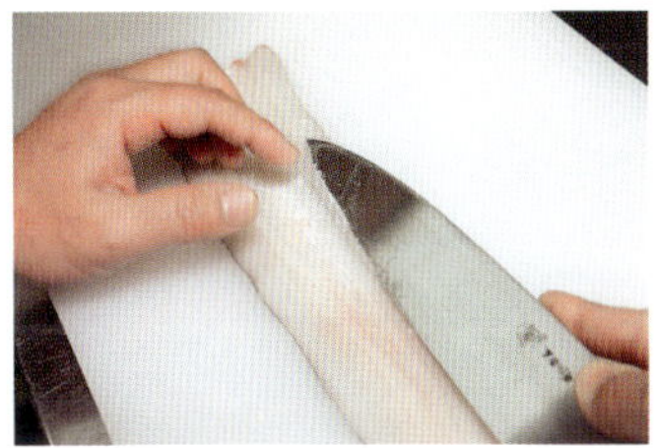

등가르기한 붕장어. 남아 있는 잔뼈의 양쪽에 칼을 넣어 잔뼈를 들어 올린 다음, 칼로 뼈를 제거한다. 잔뼈가 남아 있으면 먹을 때 입에 걸린다.

살쪽에 칼집을 낸다

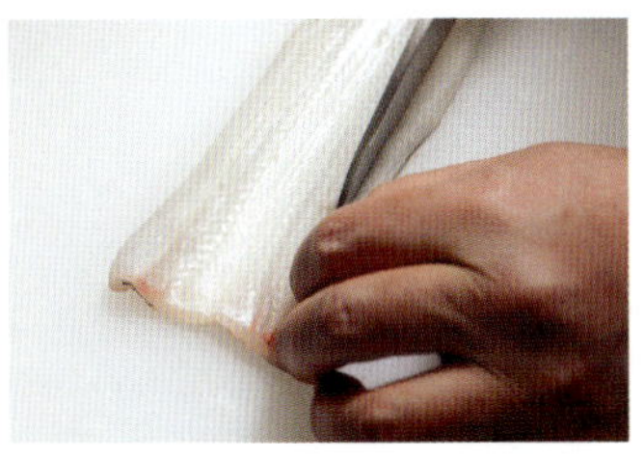

가열했을 때 수축되거나 둥글게 말리지 않고 남아 있는 잔뼈도 제거하기 위해, 복막 부분을 포함하여 살쪽에 세로로 6~7개의 칼집을 낸다. 칼집의 깊이는 살 두께의 절반 정도. 구우면 이 부분에서 기름이 조금씩 배어나온다.

꼬치를 꽂는다

길이가 긴 생선이므로, 여러 개의 꼬치를 꽂는다. 여기서는 7개의 꼬치를 꽂았다. 적게 꽂으면 꼬치 1개당 지탱해야 하는 무게가 늘어나므로 꼬치가 떨어질 수 있다.

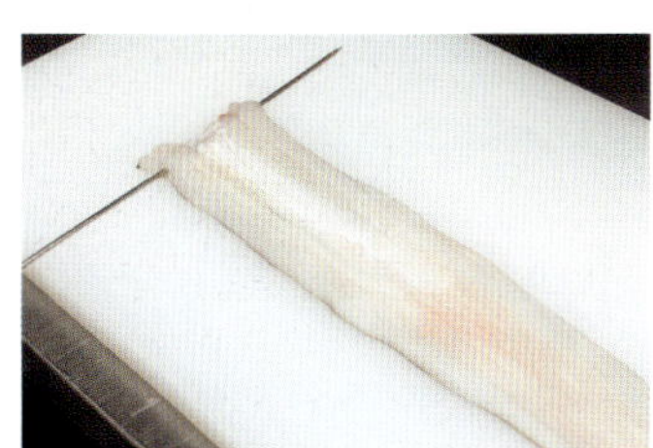

1 먼저 머리와 가장 가까운 부분에 중심 꼬치를 꽂는다. 껍질 가까이로 통과시킨다. 굽는 도중에 살을 뒤집으려면 반드시 중심 꼬치를 들어서 뒤집어야 하므로, 제대로 꽂아야 한다. 다른 꼬치도 모두 껍질 가까이로 통과시킨다.

2 2번째는 꼬리 가까이에 꼬치 1개를 꽂는다.

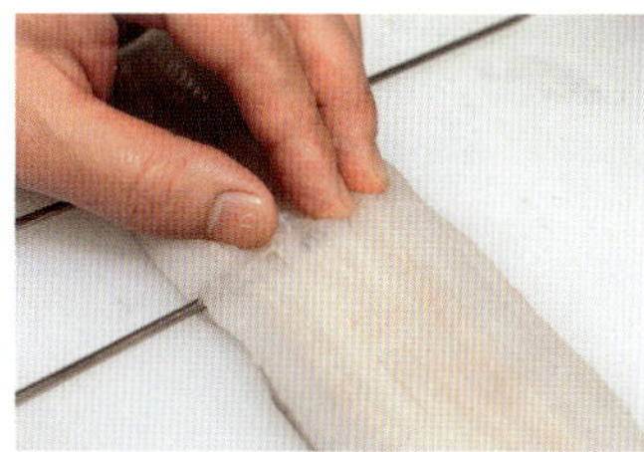

3 왼쪽부터 순서대로 꼬치를 꽂는다.

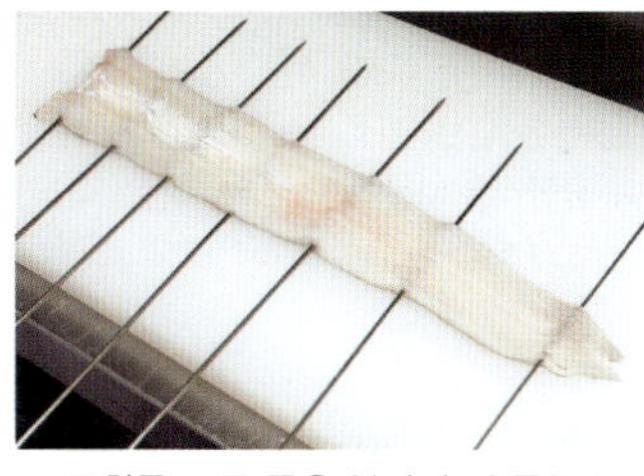

4 꼬치를 모두 꽂은 붕장어. 오른쪽으로 꼬치를 꽂아나가는데, 꼬치에 무게가 고르게 가해지도록 간격을 조금씩 더 벌렸다.

껍질은 바삭하고 살은 부드럽게 부풀어 올랐다.
간장을 넣은 깔끔한 맛.

1 불세기를 7로 조절하여 껍질쪽부터 굽기 시작한다. 껍질 겉면의 점액질이 익고 안쪽에 있는 껍질이 구워질 때까지 굽는다. 🔥**7**

2 사진처럼 구운 색이 조금 나고 껍질이 부풀기 시작하면, 중심꼬치를 가운데로 들어올려서 뒤집는다. 이 과정에서 20% 정도 익은 상태. 🔥**7**

3 살쪽을 굽는다. 숯을 옮겨서 불세기를 5로 줄인다. 껍질은 바삭하고, 살은 부드럽게 굽는다. 🔥**5**

4 칼집에서 기름이 배어나와 떨어지기 시작한다. 화력이 약해지지 않도록 숯을 쌓아올려서 조절한다. 🔥**5**

5 살쪽에 사진처럼 구운 색이 나면 뒤집는다. 🔥**5**

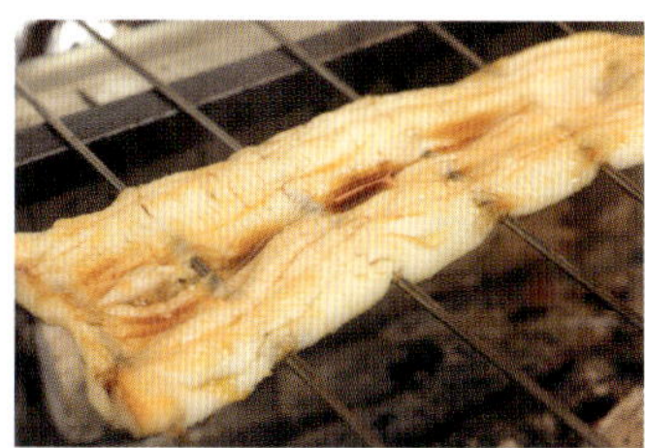

6 살쪽에 솔로 유안지를 골고루 바른다.(1번째) 🔥**5**

7 바른 다음 바로 뒤집어서 살쪽의 양념을 말린다. 🔥**5**

8 살쪽에 다시 한 번 유안지를 바르고 뒤집어서 말린다.(2번째) 양념이 마르면 다시 한 번 뒤집어서 살쪽에 유안지를 바른다.(3번째) 🔥**5**

9 껍질쪽의 구운 색이 진해졌다.

10 처음으로 껍질쪽에 유안지를 바른다. 살짝 말린 다음 다시 한 번 바른다. 껍질쪽에도 양념이 배기 시작한다. 🔥**5**

11 살쪽에 다시 한 번 유안지를 바른다. 🔥**5**

12 마무리 굽기. 빨갛게 달군 숯을 쌓아 올려서 불세기를 7로 올린다. 살쪽과 껍질쪽에 유안지를 바르고 말리면서 굽는다. 🔥**7**

13 마지막에 불세기 10으로 꼬치를 옮기고, 구운 색이 옅은 부분을 숯불에 쬐어 구운 색을 고르게 낸다. 🔥**10**

14 완성된 붕장어 구이. 꼬치를 돌려서 빼낸다.

복어 이리

자주복의 이리. 고운 흰색을 띠고 볼록하며 탱탱한 것을 고른다.

이리는 수컷의 정소인데, 여기서는 자주복의 이리를 사용하였다. 겨울이 제철이다.

구이에는 볼록하고 큰 이리가 좋으며, 겉면의 탄력과 색깔로 신선한 이리를 구별한다.

덩어리째 굽는 경우도 있지만, 여기서는 원하는 두께로 잘라서 구운 떡처럼 자른 면에 탄 자국을 만들었다.

굽기 전에는 소금을 전혀 뿌리지 않고, 무와 홍고추를 갈아서 만든 모미지오로시와 폰즈를 곁들여서 낸다.

꼬치를 꽂는다

1 원하는 두께로 자른다. 여기서는 2㎝ 두께로 잘랐다.

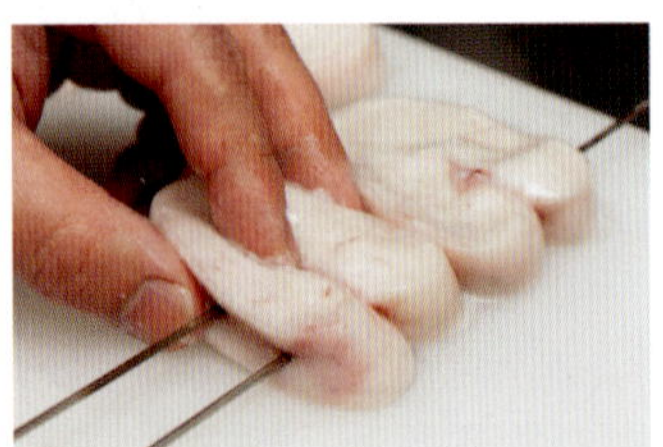

2 두께의 중간 정도에 부서지지 않도록 꼬치를 꽂는다.

3 오른쪽, 왼쪽, 가운데 순서로 꼬치를 꽂는다. 소금구이를 만들 경우에는 꼬치를 꽂은 다음 소금을 뿌린다.

굽는다

1 불세기를 5로 조절하여 굽기 시작한다. 강불로 구우면 속까지 구워지지 않고 겉이 타버린다. 🔥5

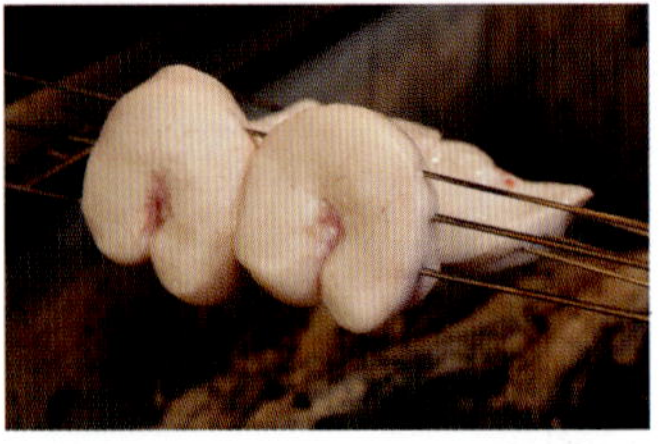

2 한쪽 면을 40~50% 정도 익힌다. 뒤집어보면 겉면이 점점 말라가는 것을 알 수 있다. 불이 약해지지 않게 주의한다. 🔥5

3 사진처럼 탄 자국이 생기면 뒤집는다. 반대쪽(지금까지의 위쪽)은 이미 겉면이 말라서, 빨리 익는다. 🔥4

4 겉면을 만졌을 때 속이 보글보글 끓고 있으면 익은 것이다. 🔥4

5 마무리 굽기. 빨갛게 달아오른 숯을 쌓아서 구운 색을 낸다. 🔥5

6 몇 번 정도 뒤집어서 구운 색을 낸다. 🔥5

7 완성된 이리 구이.

볼록하게 부푼 따끈따끈한 이리,
속은 보글보글 끓어서 입안에서 녹아내린다.

빛금눈돔

초피열매구이

재운다 → 굽는다 →
양념을 발라서 굽는다 → 20분 휴지 →
양념을 발라서 굽는다

빛금눈돔은 젤라틴질이나 지방이 많지 않기 때문에 고온에서 구우면 살에서 수분이 빠져나와 퍼석거린다. 그래서 마무리 굽기를 시작하기 전 20분 동안 휴지시키고, 남은 열로 익는 정도를 조절한다. 저온으로 가열하면 빛금눈돔의 감칠맛을 살려서 촉촉하게 완성할 수 있다. 여기서는 2.5kg짜리 빛금눈돔을 사용하였다.

초피열매 유안지

유안지	500㏄
┌ 맛술	2
├ 청주	1
└ 고이쿠치 간장	1
삶은 초피열매	30g

※ 유안지는 맛술과 청주를 끓여서 식힌 다음 간장을 넣고 섞는다.

초피열매 유안지

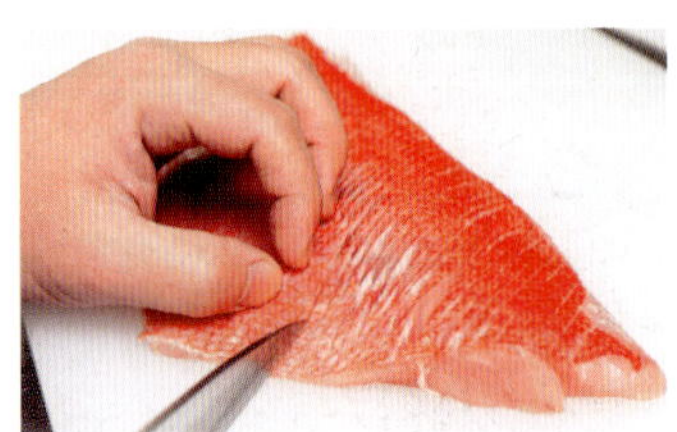

1 삶은 초피열매를 절구에 빻는다.

2 유안지를 붓고 골고루 섞는다.

자른다

1 3장뜨기 후 2일 동안 냉장고에서 숙성시킨 빛금눈돔의 껍질 전체에 잔칼집을 낸다. 배쪽의 얇은 살에도 칼집을 낸다.

2 1장이 80g이 되도록 자른다. 양끝부분은 구이에 사용하지 않는다.

꼬치를 꽂는다

꼬치를 꽂은 금눈돔. 꼬치는 오른쪽, 왼쪽, 가운데 순서로 3개를 꽂는데, 물결모양으로 구부린 다음 양쪽 가장자리는 접어서 꽂는다.

굽는다

1 껍질쪽부터 굽기 시작한다. 불세기는 약하게 2로 조절한다. 🤚2

2 20% 정도 익으면 뒤집어서 살쪽을 굽는다. 🤚2

재운다

1 생선살을 용기에 담고 초피열매 유안지를 붓는다. 키친타월을 덮어 윗면까지 유안지가 잘 배게 한 다음 2시간 정도 둔다.

2 유안지에서 꺼낸 금눈돔. 오래 두어도 더 이상 맛이 배지 않는다.

알싸한 맛의 초피열매.
남은 열로 완성했을 때에만 느낄 수 있는 촉촉함.

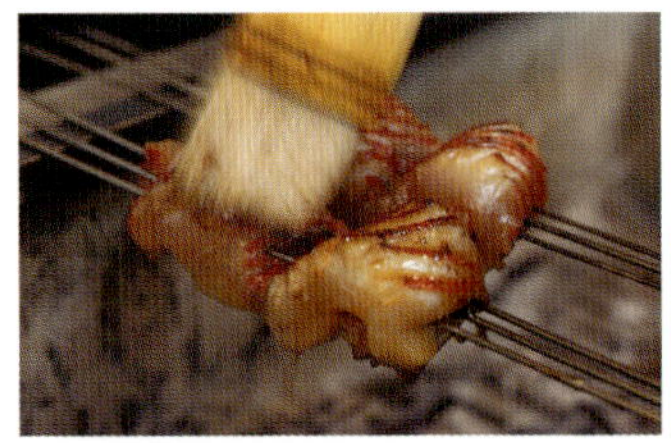

3 초피열매 유안지에 삶은 초피열매를 알갱이째 넣어서 향을 더한 덧바르기 양념을 껍질쪽에 바른다. 바른다기보다 얹어놓는 느낌이다. ✋2

4 뒤집어서 살쪽에도 덧바르기 양념을 바른다. 양념이 숯 위에 떨어지면 온도가 내려가므로, 숯을 옮겨서 온도를 유지한다. ✋2

5 뒤집어서 살쪽을 굽고, 휴지시키기 전에 살이 마르지 않도록 껍질쪽에 다시 한 번 덧바르기 양념을 바른다. ✋2

6 불에서 내려 20분 동안 휴지시킨다.

7 사진은 휴지시키기 전의 모습으로, 속까지 완전히 익지 않았다.

8 불세기를 2로 조절해서, 살쪽부터 굽기 시작한다. ✋2

9 뒤집어서 껍질쪽을 굽는다. ✋2

10 다시 뒤집어서 살쪽을 굽는다. 마르지 않도록 껍질쪽에 덧바르기 양념을 바른다. ✋2

11 새빨갛게 달아오른 숯을 옮겨서 불을 세게 키운다. ✋6~7

12 뒤집어서 껍질쪽을 굽는다. 살쪽에 살짝 탄 자국이 생겼다. ✋6~7

13 껍질쪽에서 기름이 배어나오면 마무리 굽기를 시작한다. ✋6~7

14 뒤집어서 껍질쪽에 덧바르기 양념을 바른다. ✋6~7

15 뒤집어서 살쪽에 덧바르기 양념을 바른다. 윤기가 나기 시작한다. 불세기를 좀 더 올린다. 몇 번 정도 뒤집어서 양념을 바른다. ✋7~8

16 기름이 지글지글 끓는 것은 타기 직전이라는 신호이다. 다시 불세기를 9로 올린 다음 덧바르기 양념을 바르고 불에서 내린다. ✋9

17 꼬치를 돌려서 뺀 다음 삶은 초피열매를 뿌린다.

삼치 I

미소유안야키

재운다 → 굽는다 →
양념을 발라서 굽는다 → 20분 휴지 →
양념을 발라서 굽는다

삼치는 살이 부드럽기 때문에 유안지에 재워서 수분을 제거하고 살을 단단하게 만든 다음에 굽는 경우가 많다. 가을~겨울에 걸쳐 삼치에 지방이 많아지는 추운 시기에는 유안지에 시로쓰부미소를 넣어 만든 미소유안지가 잘 어울린다.
미소유안야키도 유안야키(→ p.26)와 같은 방법으로 남은 열을 이용하여 저온으로 굽는다. 부드럽게 익을 뿐 아니라 맛이 잘 배는 것이 장점이다.
미소유안지는 재우는 것과 덧바르는 것의 배합을 다르게 해서, 미소 맛을 강조하였다. 미소유안지를 바르고 굽기를 반복하여 미소 맛을 더하고, 마지막에 겉면의 미소를 강불로 구워서 고소하게 완성한다.

미소유안지

유안지	800cc
시로쓰부미소	300g

덧바르기 양념

유안지	800cc
시로쓰부미소	600g

※ 유안지는 맛술:청주 = 3:1의 비율로 섞어서 끓인다. 식으면 고이쿠치 간장을 청주의 1.5배 분량으로 넣고 섞는다.

미소유안지

1 유안지에 시로쓰부미소를 넣고 섞어서 미소유안지를 만든다.

2 미소유안지에 삼치를 재운다. 위에 키친타월을 덮어 윗면까지 유안지가 잘 배게 한다. 이 상태로 2시간 둔 다음 꼬치를 꽂는다.(→ p.14)

덧바르기 양념

덧바르는 양념도 미소유안지와 같은 방법으로 섞는데, 미소의 분량을 배로 늘려서 진하게 만든다.

굽는다

1 껍질쪽부터 굽기 시작한다. 불세기는 2~3으로 약하게 조절한다. 🔥2~3

2 삼치가 하얗게 변하면 바로 뒤집는다. 🔥2~3

※ 익기 전에는 양념이 잘 배지 않기 때문에 먼저 구운 다음 양념을 바른다.

3 양쪽 모두 겉면만 익힌다. 옆면을 보면 익은 정도를 확인할 수 있다. 살쪽이 조금 더 익었다. 🔥2~3

4 다시 한 번 뒤집어서 껍질쪽을 구워 고르게 익힌다. 🔥2~3

5 덧바르기 양념을 전체에 끼얹는다.

촉촉하게 배어나온 기름과
구운 미소 양념의 고소한 맛.

6 다시 껍질쪽부터 굽는다. 양념이 숯불에 떨어지면 온도가 내려가므로, 달궈진 숯을 쌓아올려서 온도를 유지한다. ♨2~3

7 뒤집어서 살쪽을 굽는다. ♨2~3

8 양면이 고르게 익는지 확인하면서, 덧바르기 양념을 끼얹고 굽는 과정을 3번 반복한다. ♨2~3

9 겉면이 마르지 않도록 덧바르기 양념을 끼얹어서 20분 동안 휴지시킨다.

※ 그동안 남은 열에 의해 익을 뿐 아니라, 양념이 속으로 스며들어 맛이 밴다.

10 20분 동안 휴지시킨 삼치. 가운데를 자른 모습.

11 불세기를 5로 조절하여 껍질쪽부터 굽는다. ♨5

※ 미소를 넣어서 온도가 쉽게 올라가지 않으므로, 불세기는 유안야키보다 조금 세게 조절한다.
※ 굽는 것이 아니라 따뜻하게 데워서 말리는 느낌이다.

12 마르면 뒤집어서 살쪽을 말린다. ♨5

13 뒤집어서 껍질쪽을 말린다. ♨5

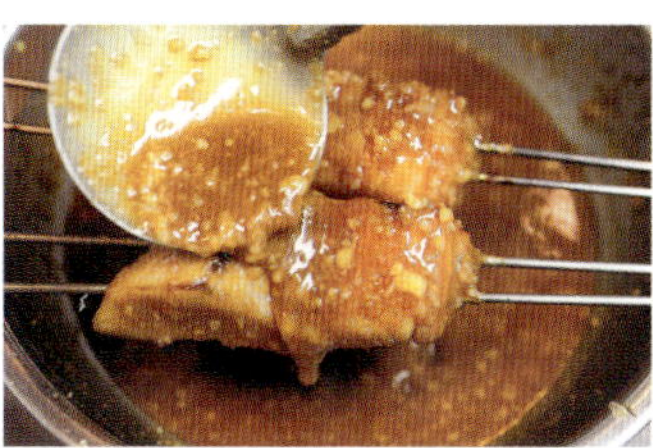

14 불에서 내리고 덧바르기 양념을 전체에 골고루 끼얹는다.

15 껍질쪽부터 굽는다. 양념이 숯에 떨어지면 화력이 약해지므로 숯을 적당히 쌓아서 중불을 유지한다. 살을 익힌다기보다 겉면의 양념을 굽는 느낌이다. ♨5

16 3번 정도 뒤집어주면서 굽는다. 양념이 배기 시작한다. ♨5

17 다시 불에서 내리고 덧바르기 양념을 전체적으로 끼얹는다.

18 마무리 굽기. 불세기를 7~8로 조절하여 살쪽부터 굽는다. 마르면 뒤집어서 미소가 잘 배게 한다. ♨7~8

19 미소가 배면 마지막은 겉면의 미소 양념을 굽는 느낌으로 탄 자국을 만든다. ♨7~8

20 완성된 미소유안야키.

삼치 Ⅱ

어패류의 미소절임에는 미소의 풍미가 진한 쓰부미소가 어울린다. 여기서는 시로쓰부미소를 사용하였다.

채소류를 절일 때는 조금 담백한 맛의 고시미소를 사용한다. 절이는 재료에 맞는 미소를 선택하는 것이 중요하다.

미소절임은 원래 저장을 위한 수단이었다. 지금은 유통이 발달하여 매일 신선한 생선을 살 수 있지만,

적당히 수분을 빼서 미소의 감칠맛이 잘 밴 미소절임은 도시락 반찬으로도 좋다.

여기서는 어패류에 잘 어울리는 시로쓰부미소를 넣은 미소양념으로 미소절임구이를 만들었다.

소금을 살짝 뿌리면 수분이 어느 정도 빠져나가 미소가 잘 스며든다.

미소양념

시로쓰부미소	2kg
맛술	215cc
청주	50cc

※ 잘 섞는다.

절인다

1 밀폐용기에 미소양념을 얇게 깔고 거즈
1장을 위에 올린다.

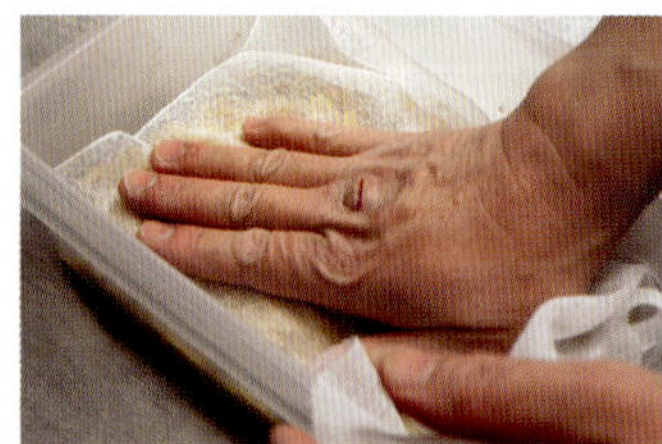

4 거즈를 덮고 살짝 눌러준 다음 냉장고에
넣고 절인다.

2 자른 삼치살(1장이 80g)을 껍질쪽이 아
래로 가게 나란히 올린다.

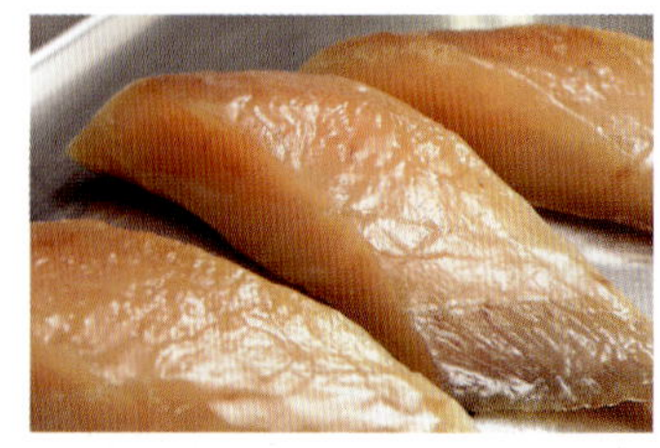

5 3일이 지난 삼치 미소절임. 3일째부터
사용한다.

※ 꼬치를 꽂는 방법은 p.14를 참조한다.

소금을 뿌린다

트레이에 소금을 얇게 깔고 자른 삼치를 나
란히 올린다. 위에도 소금을 살짝 뿌린다.
그대로 상온에 1시간 둔다.

3 거즈를 1장 덮은 다음 미소양념을 1보다
조금 두껍게 편다.

미소 맛이 알맞게 밴 삼치는
약불에서 천천히 오래 굽는다.

1 숯은 새빨갛게 달아오른 상태가 아니라, 재를 덮어 하얗게 된 숯이 좋다. 🔥**2~3**

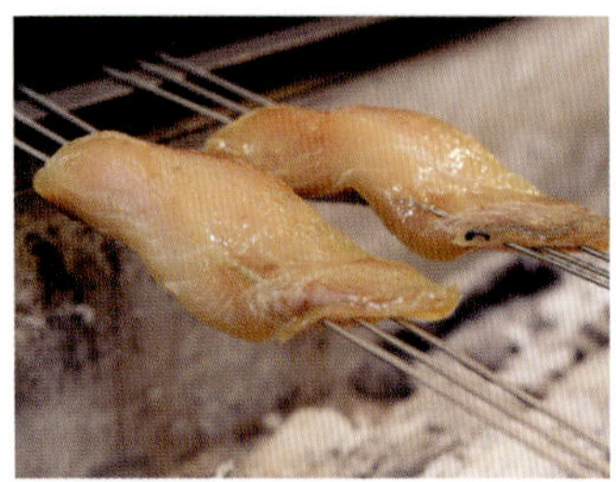

2 껍질쪽부터 굽기 시작한다. 🔥**2~3**

3 겉면이 하얗게 변하면 뒤집어서 살쪽을 굽는다. 🔥**2~3**

4 양면이 고르게 익으면 뒤집어서 다시 껍질쪽을 굽는다. 🔥**2~3**

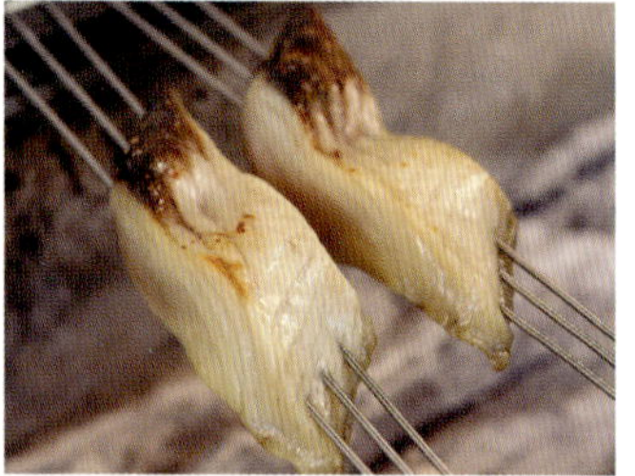

5 뒤집어서 살쪽을 굽는다. 자주 뒤집어준다. 미소에 절여서 수분이 빠져나간 상태이고 양념을 바르면서 굽지 않으므로, 불조절에 신경을 써서 약불로 굽는다. 🔥**2~3**

6 몇 번 정도 뒤집어주면서 고르게 익힌다. 🔥**2~3**

7 보기 좋게 구운 색이 나면 불세기를 4~5로 올리고 솔로 맛술을 바른 다음, 연기가 올라오면 삼치를 그을린다. 🔥**4~5**

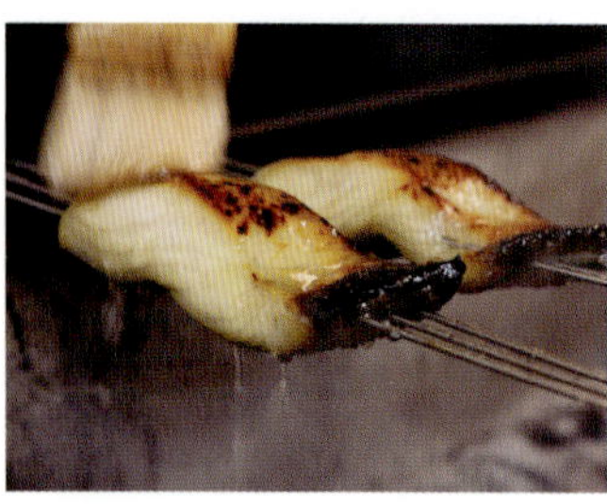

8 뒤집어서 살쪽에도 맛술을 바른다. 🔥**4~5**

9 다시 뒤집어서 살쪽의 맛술을 말린다. 윤기가 나는 부분을 조금 태우는 느낌으로 굽는다. 꼬치를 돌려놓는다. 🔥**4~5**

10 마지막으로 접시에 담을 때 위로 오는 껍질쪽을 구워서 완성한다. 🔥**4~5**

11 완성된 삼치 구이.

옥돔 |

보통 구이는 많이 뒤집지 않고 굽는 것이 좋다고 알려져 있지만,
숯불의 경우 양면을 골고루 조금씩 익히면 양면이 같은 두께로 구워져서 코팅되어,
수분이 빠져나가기 어렵기 때문에 촉촉하게 완성된다.
숯에서도 열이 전달되지만 배어나오는 기름을 통해서도 열이 전달되기 때문에,
그런 점도 고려해야 한다. 마지막은 껍질쪽을 강불로 구워서 껍질 주위의
흰살에 함유된 기름으로 튀기듯이 구운 다음, 그 기름을 구워서 없앤다.

칼집을 낸다

옥돔은 비늘을 제거하고 3장뜨기한 것을
사용한다. 등쪽 껍질에 잔칼집을 내고, 배
쪽의 얇은 살에도 같은 방법으로 잔칼집을
낸다. 이때 면보 등을 밑에 받쳐 주면 칼집
을 내기 편하다. 머리를 잘라낸 부분에 수
직으로 칼집을 내면, 구울 때 살이 부드럽
게 벌어져서 기름이 쉽게 빠진다.

소금을 뿌린다

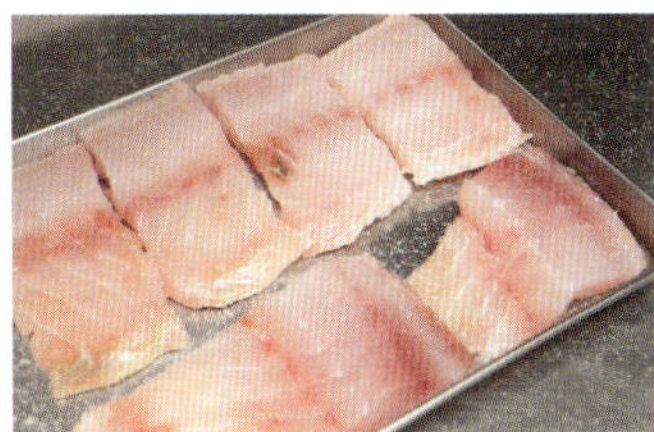

트레이에 소금을 얇게 깔고 껍질쪽이 아래
로 가게 나란히 올린다. 소금이 잘 배도록
위에서 소금을 조금 넉넉하게 뿌린다. 껍질
쪽이 위로 오게 놓으면 소금이 살에 잘 배
어들지 않는다. 30분 동안 상온에 두어서
소금이 배게 한다. 수분이 빠져나와 살이
촉촉해지면 비닐랩을 덮어 냉장고에 넣고
30분 동안 둔다.

꼬치를 꽂는다

배쪽의 살이 얇은 부분도 골고루 익도록 살
을 접어서 등쪽과 같은 두께로 만든 다음 꼬
치를 꽂는다. 이렇게 한쪽을 접어서 꼬치를
꽂는 것을 '가타즈마오리'라고 한다. 물결모
양으로 살을 구부려서 꽂으면 먹음직스럽게
구워진다. 또한 굽는 도중에 꼬치가 돌아가
거나 빠지지 않는다.

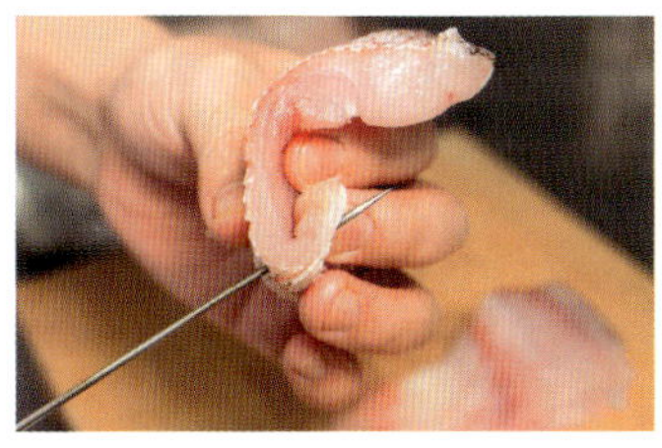

1 배쪽 살을 접은 다음 껍질쪽부터 꼬치를
꽂는다.

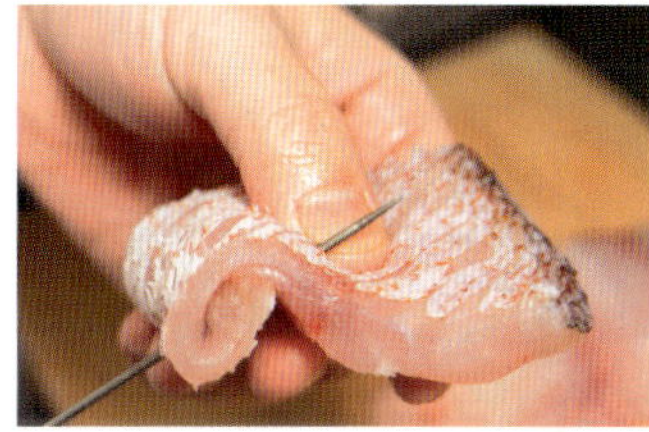

2 생선살을 꿰매듯이 위쪽으로 꼬치를 빼
낸다.

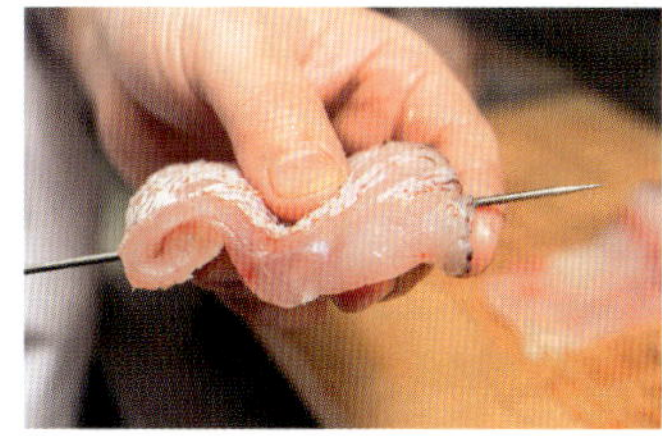

3 완성된 모습을 생각해서 살이 물결모양
이 되도록 꼬치를 꽂는데, 마지막에 껍질쪽
으로 나오게 꽂으면 쉽게 빠지지 않는다.

4 같은 방법으로 꼬치를 1개 더 꽂는다.

1 불세기를 5로 조절하여 껍질쪽부터 굽는다. 🔥5

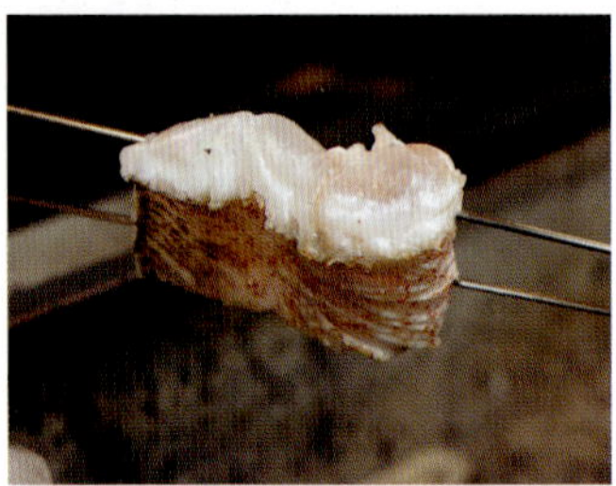

2 껍질에서 기름이 조금씩 배어나오기 시작하면 뒤집는다. 🔥5

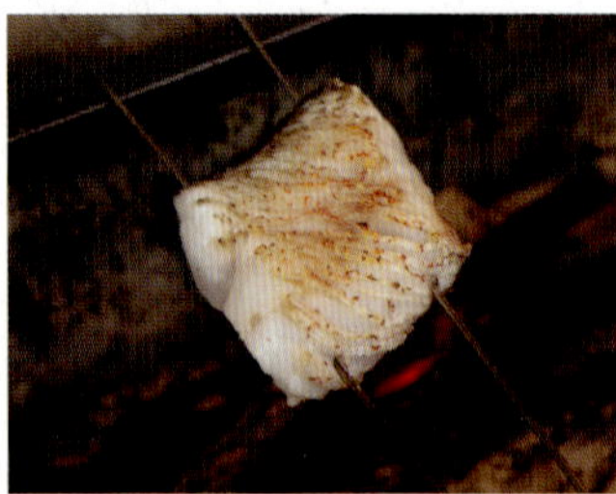

3 살쪽을 굽는다. 불세기는 계속 중불을 유지한다. 🔥5

4 살이 하얗게 변하면 뒤집어서 껍질쪽을 굽는다. 🔥5

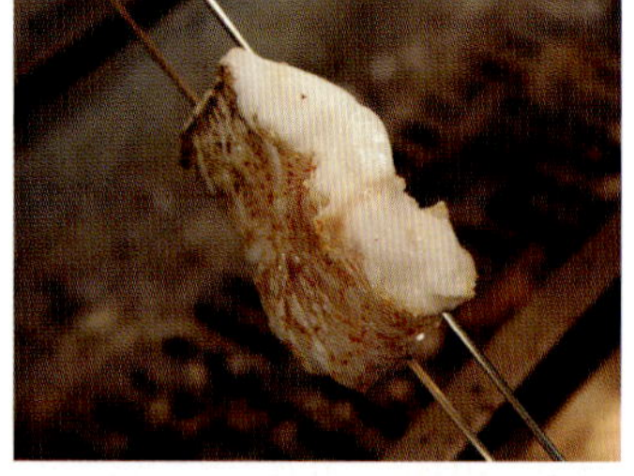

5 옆면을 보면서 양면이 골고루 천천히 익도록, 몇 번 정도 뒤집어주면서 굽는다. 불세기는 계속 중불이다. 🔥5

※ 처음에는 껍질 겉면에서 기름이 빠져나오고, 차츰 속에서도 기름이 빠져나온다.
※ 살쪽을 구울 때는 숯에서도 열이 전달되지만 기름이 배어나와 뜨거워진 껍질에서도 열이 전해진다.
※ 지방이 있는 부위는 빨리 익기 때문에 자주 뒤집어주면서 굽는다. 특히 뱃살은 지방이 많은데다 살도 얇기 때문에 주의해야 한다.

6 숯 사이에 틈이 있으면 떨어진 기름이 타서 생긴 불꽃으로 생선이 타고 그을음이 생기므로, 숯으로 적당히 틈을 메워가며 굽는다. 🔥5

7 어느 정도 익어서 살이 부서지지 않을 정도가 되면, 꼬치를 빼기 쉽게 돌려놓는다. 🔥5

8 마지막으로 숯을 보충하여 불세기를 7로 올린다. 마지막까지 계속 강불을 유지한다. 🔥7

9 껍질쪽을 구워서 마무리하는데, 껍질에서 기름을 짜내듯이 굽는다. 🔥7

10 완성된 옥돔 구이. 양면이 먹음직스럽게 노릇노릇하다. 총 11번 정도 뒤집어주면서 구웠다.

껍질에서 배어나온 기름으로
튀기듯이 굽는다.

옥돔 II

미소절임구이

**소금 → 절인다 → 굽는다 →
맛술을 발라서 굽는다**

미소에 절이면 생선에 미소 맛이 배는 동시에 수분이 빠져나온다.
양념을 바르면서 구울 경우에는 양념에 의해 온도가 낮아지지만,
미소에 절인 생선은 양념을 바르지 않을 뿐 아니라
살에서 수분이 빠져나온 상태이므로 불조절을 세심하게 잘해야 한다.
약불로 천천히 익히고 마무리로 맛술을 발라서 윤기를 낸다.

미소양념

시로쓰부미소	2kg
맛술	215cc
청주	50cc

※ 미소에 맛술을 조금씩 넣어 섞은 다음, 청주
를 조금씩 넣고 잘 섞는다.

소금을 뿌린다

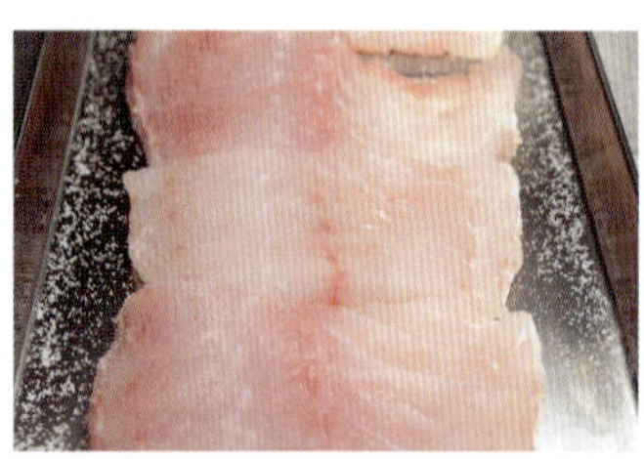

트레이에 소금을 얇게 깔고, 옥돔살(1장이
80g, 껍질쪽에 잔칼집을 낸 것)을 나란히
올린다. 위에도 소금을 살짝 뿌린 다음 상
온에 1시간 둔다.

절인다

1 밀폐용기에 미소양념을 얇게 깐다.

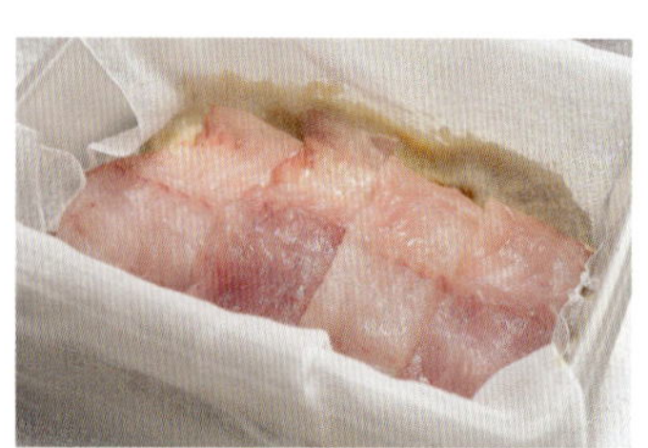

2 얇은 거즈를 1장 깔고 위에 소금을 뿌린
생선살을 나란히 올린다.

3 위에 거즈를 덮고 미소양념을 1보다 좀
더 두툼하게 편다. 위에 거즈를 덮고 살짝
눌러준 다음, 냉장고에 넣고 절인다.

4 3일이 지난 옥돔. 3일째부터 사용할 수
있다.

꼬치를 꽂는다

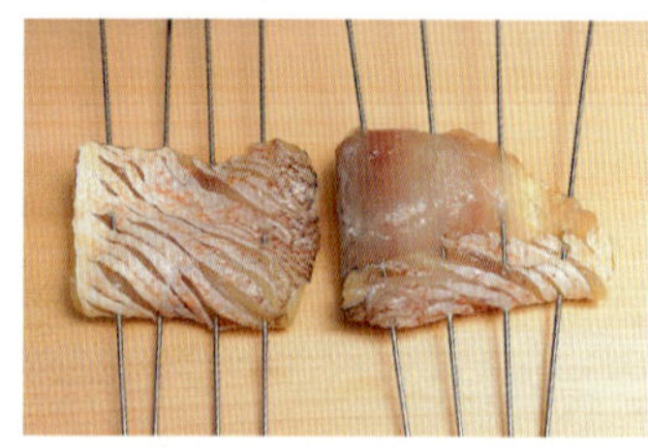

오른쪽부터 꼬치를 꽂는다. 다음은 왼쪽,
마지막은 가운데 2개(오른쪽, 왼쪽 순서로)
를 꽂는다. 얇은 살은 접어서 꽂는다.

약불에서 천천히 구운 다음
마지막에 맛술로 윤기를 더한다.

1 재를 씌운 숯을 여러 개 쌓은 다음 껍질쪽부터 굽는다. 옥돔을 미소에 절여서 수분이 빠져나갔기 때문에, 불세기는 2 정도로 약하게 조절한다. 🔥2

2 껍질쪽이 살짝 하얗게 변하면 뒤집어서 살쪽을 굽는다. 껍질쪽의 붉은색이 선명해졌다. 🔥2

3 배쪽은 살이 얇아서 생선살을 겹치는 방법 등으로 두께를 조절하지 않으면 타기 쉽다. 🔥2

4 익은 정도는 가장 두꺼운 부분을 보고 판단한다. 부드럽게 익히기 위해서는 강불로 태우지 말고, 약불로 천천히 구워야 한다. 🔥2

5 껍질쪽에 노릇노릇하게 구운 색이 나면 뒤집어서 살쪽을 굽는다. 🔥2

6 불세기를 3 정도로 올리고 껍질쪽에 맛술을 바른다. 🔥3

7 뒤집어서 껍질쪽을 말리면서 살쪽에 맛술을 바른다. 맛술을 바르면 연기가 나기 시작하는데, 이 연기로 살을 그을린다. 🔥3

8 구운 색이 점점 진해진다. 다시 한 번 뒤집어서 살쪽을 말리고, 껍질쪽은 맛술을 바른다. 맛술이 졸아들어서 거품이 나고 마르기 시작하면 뒤집는다. 🔥3

9 뒤집어서 껍질쪽을 말리고 살쪽에 맛술을 바른다. 🔥3

10 뒤집어서 살쪽을 말린다. 구운 색이 진해지면 타기 직전에 불에서 내린다. 🔥3

11 완성된 옥돔 구이.

옥돔 III

 송이말이구이

 **소금 → 만다 → 굽는다 →
알루미늄포일**

옥돔은 살의 두께를 고르게 만들기 위해
가운데에 칼집을 내고 좌우로 갈라서 펼쳤다.
송이를 넣고 말면 옥돔살이 겹쳐져 두꺼워지기 때문에,
알루미늄포일을 씌워서 찌듯이 굽는다.

갈라서 펼친다

3장뜨기한 다음 껍질쪽에 잔칼집을 낸 옥
돔을 1장이 85g이 되도록 자른다. 자른 생
선살 가운데에 칼집을 내고 좌우로 갈라 펼
쳐서 말기 좋은 두께로 만든다. 소금을 뿌
리고 상온에 1시간 둔다.

꼬치를 꽂는다

1 송이는 세로로 찢은 다음 옥돔살 너비에
맞게 잘라서 만다.

2 옥돔살로 만 송이.

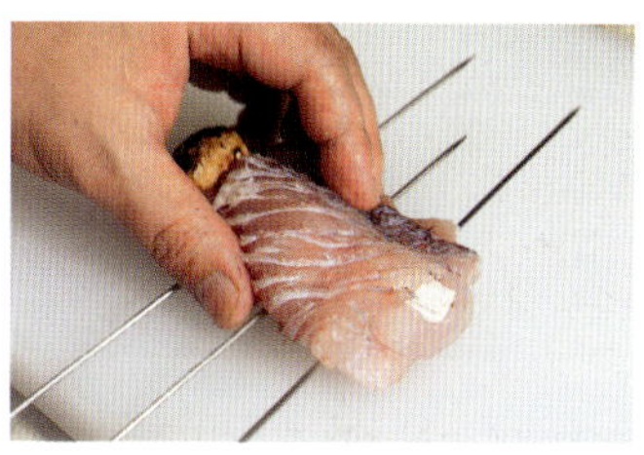

3 양쪽 가장자리를 눌러주면서 꼬치 3개
를 꽂는다.

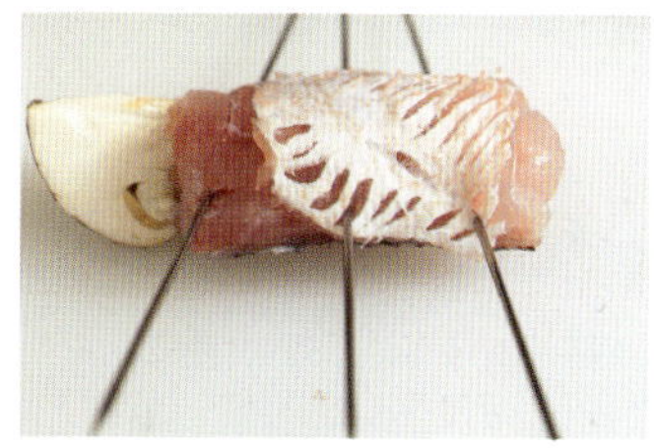

4 아래쪽. 가장자리를 눌러서 안쪽의 송이
에도 꼬치를 잘 꽂는다.

송이버섯은 식감이 생명.
익히는 정도가 식감을 좌우하는 열쇠가 된다.

1 불세기는 약하게 3으로 조절한다. 🔥3

2 접시에 담을 때 위로 오는 쪽부터 굽는다. 불세기는 3을 유지한다. 전체가 데워질 때까지 약불로 천천히 굽는다. 🔥3

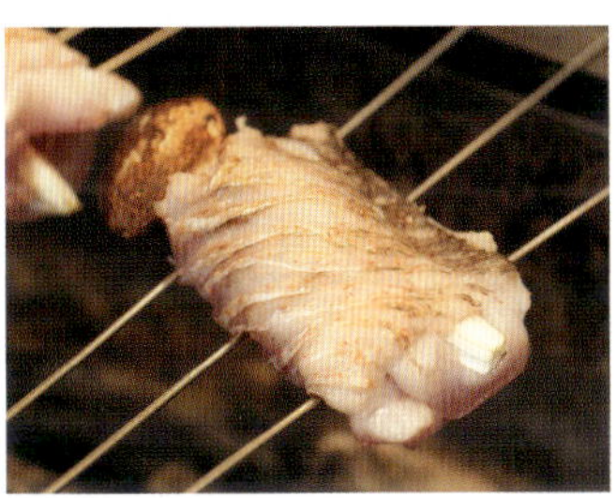

3 기름이 조금씩 배어나오기 시작하면, 불세기를 4로 올리고 계속 위쪽을 구워서 기름을 뺀다. 🔥4

4 구운 색이 나고 30~40% 정도 익으면, 뒤집어서 아래쪽을 굽는다. 전체가 60% 정도 익을 때까지 그대로 굽는다. 🔥4

5 60% 정도 익으면 불세기를 5~6으로 올린다. 🔥5~6

6 뒤집어서 위쪽을 굽는다. 꼬치 옆에 숯을 올려서 옆쪽도 익힌다. 🔥5~6

7 바로 알루미늄포일을 덮고 불세기를 6으로 올려서 찌듯이 굽는다. 🔥6

8 뒤집어서 꼬치 앞뒤에 숯을 올리고, 다시 알루미늄포일을 덮는다. 🔥6

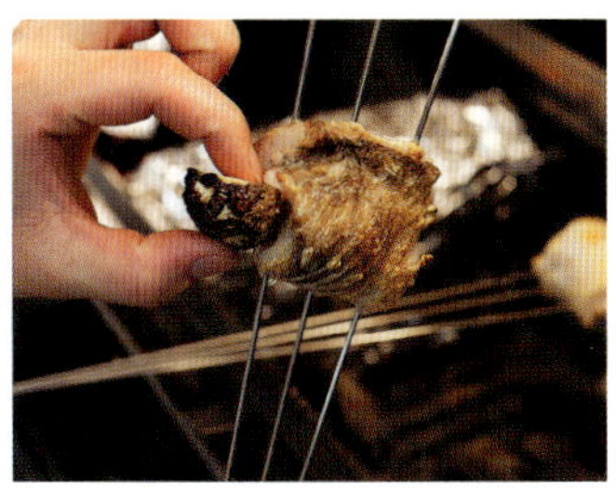

9 손가락으로 송이를 누르면 움푹 들어갈 정도로 익힌다. 🔥6

10 알루미늄포일을 벗기고 골고루 노릇노릇하게 굽는다. 🔥6

11 완성된 송이말이구이. 왼쪽이 아래, 오른쪽이 위.

은어 I

 소금구이

 소금 → 화로 준비 → 굽는다

소금구이에는 감칠맛 나는 쓸개와 생선살의 맛이 균형을 이루는, 몸길이 15㎝ 정도의 은어가 좋다.
약불로 천천히 오래 구워서 살은 부드럽고, 머리는 쉽게 부스러지게 완성한다. 그러기 위해서는 굽는 도중에
꼬치로 입을 벌려서 속에 있는 수분을 완전히 증발시켜야 한다. 또한 지지대를 올려서 화로의 뒤쪽을 높여주면
기름이 머리쪽에 흘러들어 머리를 튀기듯이 구울 수 있다. 윗면은 60%, 아랫면은 40% 익힌다.
은어는 활어를 사용하는 것이 무엇보다 중요한데 그 이유는 구울 때 꼬리를 세차게 퍼덕거려서 보기 좋게 구워질 뿐
아니라, 활어일 때만 기름이 빠져나와 숯에 떨어져서 훈연향을 즐길 수 있기 때문이다.
또한 죽은 은어와는 달리 생선살이 퍼석거리지 않아 비교가 안될 만큼 맛이 좋다.

은어는 반드시 활어를 사용한다.

꼬치를 꽂는다

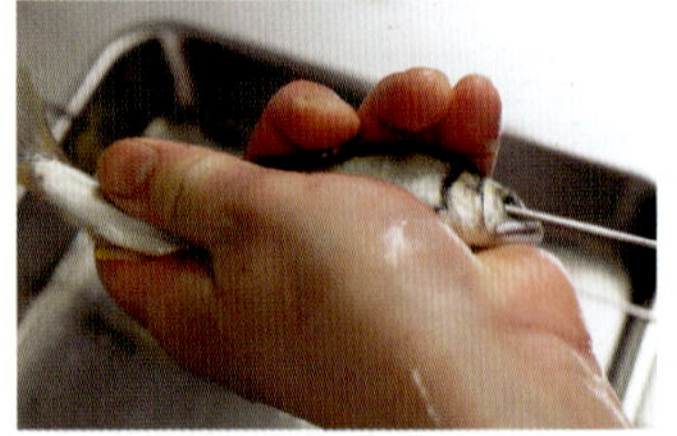

1 접시에 담을 때 아래로 가는 쪽이 위로
오게 잡고 눈에 꼬치를 찔러 넣는다.

4 가운데뼈 아래로 꼬치를 통과시켜서 항
문보다 조금 위로 빼낸다. 은어 몸통이 물
결모양으로 구부러지게 꼬치를 꽂는다. 위
에서는 꼬치가 보이지 않게 주의한다.

2 노란색 무늬쪽으로 꼬치를 빼낸다.

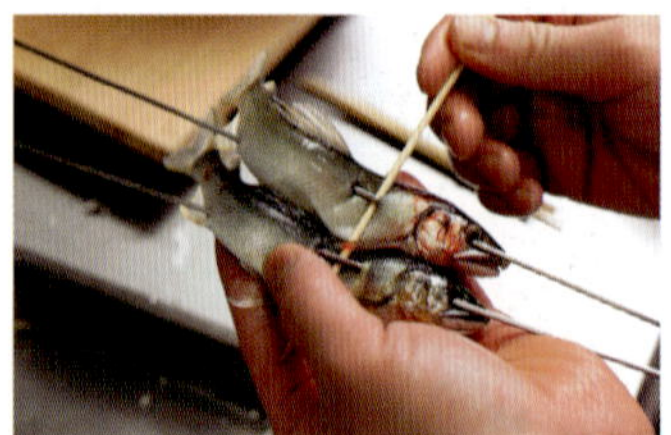

5 아래쪽의 꼬치에 대나무꼬치를 가로로
끼워서 움직이지 않게 잡아준다. 흐르는 물
을 입속으로 부어서 피를 씻어낸다.

소금을 뿌린다

3 엄지 1개 정도의 간격을 두고 꼬치를 다
시 찔러 넣는다. 이 때의 간격으로 은어 구
이의 모양이 결정된다. 간격이 좁으면 힘차
게 꿈틀거리는 모양이 된다. 꼬치가 나온
쪽이 접시에 담을 때 아래쪽이 된다.

6 꼬치를 꽂은 은어.

30㎝ 정도 위에서 은어의 양쪽면에 소금을
뿌린다. 머리에는 넉넉하게, 꼬리지느러미
에는 조금만 뿌린다.

절묘하게 균형을 이룬 쏠개의 맛.
시간을 들여서 머리끝부터 꼬리까지 바삭하게 굽는다.

화로 앞쪽에 숯을 쌓아올린다. 먼저 새빨갛게 달아오른 숯을 놓고, 그 위에 조금 안정된 숯을 화로 높이의 반 정도로 쌓는다. 불세기는 2~3 정도의 약불이다. 이렇게 해서 화로 바깥쪽이 충분히 달궈질 때까지 가열하여 구울 준비를 한다.

굽는다

1 접시에 담을 때 아래로 가는 쪽부터 굽기 시작한다. 화로 왼쪽 끝에 미리 준비해둔 빨갛게 달아오른 숯(불세기 8)을 사용한다. 처음에 강불로 굽는 것은 꼬리지느러미를 확실히 구부려서 모양을 잡기 위해서이다. 🔥8

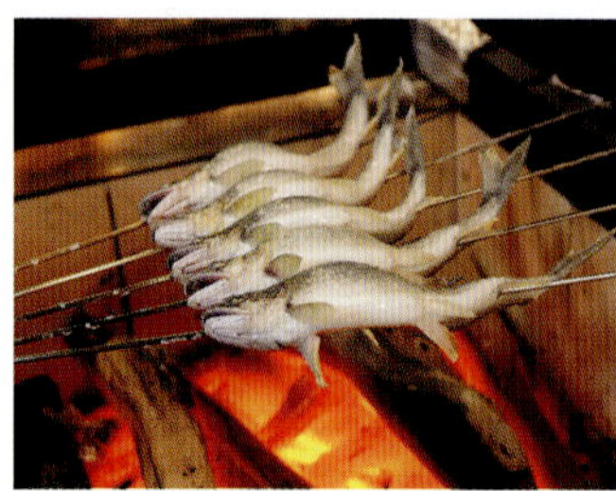

2 살이 오그라들면 꼬리지느러미가 아래로 내려가지만, 차츰 다시 올라온다. 🔥8

3 더 이상 올라오지 않으면 꼬리지느러미와 몸통이 이어진 부분의 가운데뼈를 꺾어서 모양을 잡아준다. 🔥8

4 보기 좋게 구부러진 꼬리지느러미. 🔥8

5 꼬리지느러미의 모양이 정리되면, 뒤집어서 준비해둔 약불로 옮기고 위쪽을 굽는다. 화로 앞에 쌓아둔 숯쪽으로 머리가 오게 놓고 굽는다. 🔥2~3

6 꼬치로 은어의 입을 벌려서 속에 남아 있는 수분을 증발시킨다. 여기서부터는 불세기를 1로 약하게 유지한다. 🔥1

7 화로 뒤에 쇠로 만든 지지대 2개를 겹쳐 쌓아서 뒤쪽을 높인다. 경사가 생기면 기름이 머리부분에 모여서 머리를 튀기듯이 구울 수 있다. 또한 기름이 앞쪽에 쌓아둔 숯에 떨어져서 연기가 올라온다. 🔥1

8 기름이 떨어지는 위치로 숯을 옮긴다. 🔥1

9 뒤집은 다음 불세기를 3~4로 올려서 아래쪽을 굽는다. 🔥3~4

10 다시 머리에 기름이 모이면 뒤집어서 위쪽을 굽는다. 🔥3~4

11 화로 밑에 있는 공기구멍에 부채질을 해서 뜨거운 바람을 전달하여 기름을 뺀다. 🔥3~4

12 부채질을 하면 화력이 점점 다해서 떨어지므로, 적당히 달아오른 숯으로 교체해서 3~4의 불세기를 유지한다. 🔥3~4

13 기름이 다 떨어진 다음에도 은어를 화로 뒤쪽으로 모아서 좀 더 굽는다. 🔥3~4

14 몇 번 정도 뒤집어 주면서 천천히 오래 굽는다. 윗면은 60%, 아랫면은 40% 익힌다. 🔥3~4

15 꼬치를 돌려서 은어를 조금 앞쪽으로 옮긴다. 🔥3~4

16 머리가 쉽게 떨어질 정도까지 오래 굽는다. 🔥3~4

17 머리에 구운 색을 내기 위해 숯을 앞쪽에 쌓아올린 다음, 은어를 앞쪽으로 옮겨서 머리를 굽는다. 🔥3~4

18 마무리로 불세기를 5로 올려서 구운 색을 낸다. 아래쪽은 사진과 같은 정도로 굽는다. 위쪽도 구운 색이 진해질 때까지 오래 굽는다. 🔥5

19 전에 은어를 구울 때 사용했던 대나무 꼬치(은어의 기름과 향이 잘 배어 있다)를 태워 연기를 내서 향이 배게 한다. 🔥5

20 완성된 은어 구이.

은어 II

은어는 등가르기를 한 다음 소금을 살짝 뿌리고, 햇빛 아래에서 반나절 동안 말린다.
머리부터 꼬리까지 전부 먹을 수 있도록 약불로 오래 굽는다.
마무리로 쌉쌀한 맛이 있는 은어의 간을 체에 곱게 내려서 발라도 맛이 좋다.

등가르기

1 등쪽에 칼을 넣고 가운데뼈 위를 따라 살을 갈라서 펼친다.

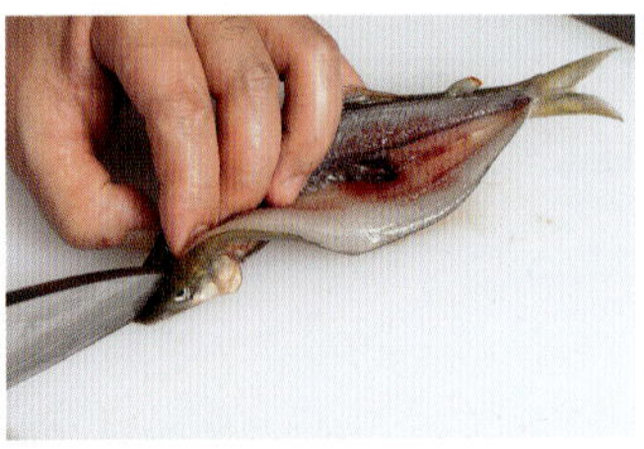

2 머리도 반으로 갈라서 펼친다.

말린다

1 소금을 뿌린 트레이 위에 은어를 올리고 다시 소금을 뿌린 다음, 1시간 정도 냉장고 에 넣어둔다.

2 청주로 소금을 씻어내고 채반에 올린 다 음, 바람이 잘 통하는 곳에서 반나절 동안 햇빛에 말린다.

3 말린 은어.

꼬치를 꽂는다

안정적으로 구울 수 있도록 가는 꼬치를 5 개 꽂는다.

전병처럼 바삭하게 구운 머리도 별미.
약불로 천천히 오래 굽는다.

1 불세기를 3으로 조절하고 껍질쪽부터 굽기 시작한다. 🔥3

2 수분이 조금씩 배어나오기 시작한다. 🔥3

3 껍질 겉면이 노란색을 띠면 뒤집어서 살 쪽을 굽는다. 🔥3

4 사진처럼 살쪽이 구워지면 껍질쪽을 굽 는다. 불세기를 4로 올린다. 🔥4

5 껍질에 노릇노릇하게 구운 색이 나면 살 쪽을 굽는다. 불세기를 5로 올려서 구운 색 을 낸다. 🔥5

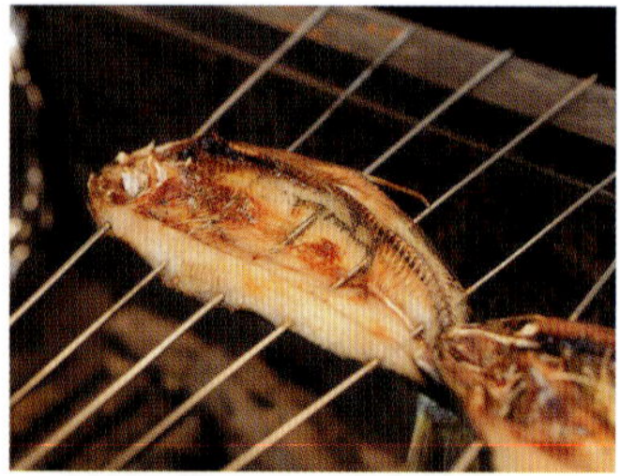

6 살쪽에 노릇노릇하게 구운 색이 나면 껍 질쪽을 굽는다. 🔥5

7 완성된 은어 구이. 왼쪽이 껍질쪽, 오른 쪽이 살쪽.

자라

양념구이

 삶는다 → 재운다 → 굽는다 → 양념을 발라서 굽는다

먼저 청주와 다시마를 넣고 자라를 익힌 다음 유안지에 재워서 맛이 배게 만드는,
몇 단계의 과정을 거쳐서 완성하는 자라 구이.
미리 완전히 익혀서 양념을 바른 다음, 숯불에 말려서 맛이 배게 한다.
숯불로 구우면 고소한 맛과 독특한 식감이 생긴다.

삶는다

자라	1마리(1kg)
청주	1.6ℓ
물	2.4ℓ
다시마	가로세로 10cm(7g)

자라를 4등분해서 뜨거운 물을 붓고 겉껍질을 벗긴다. 8조각으로 잘라서 청주, 물, 다시마를 넣고 자라를 삶는다. 처음부터 강불로 끓이고, 끓으면 거품을 걷어낸다. 거품이 더 이상 올라오지 않으면 약불로 줄여서 20~30분 동안 삶는다. 사진은 자라를 건져서 식힌 것.

재운다

1 유안지B(→ p.15)를 붓고 위에 키친타월을 덮어서 윗면까지 유안지가 잘 배게 한다. 이 상태로 상온에서 10분 동안 둔다.

2 유안지에서 건져낸 자라.

꼬치를 꽂는다

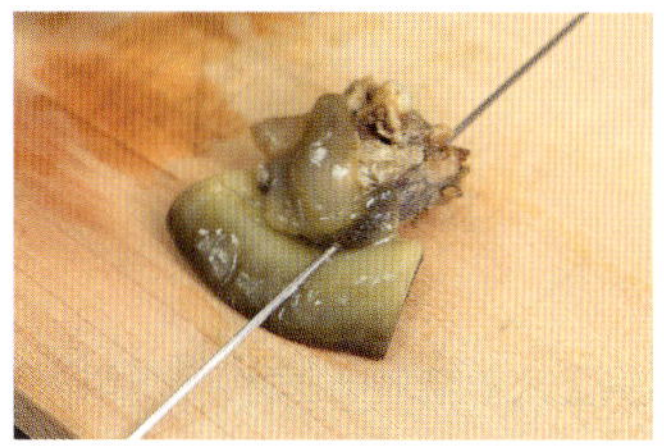

1 지느러미 겉면이 아래로 가게 놓고 살쪽에 중간 굵기의 꼬치를 꽂는다.

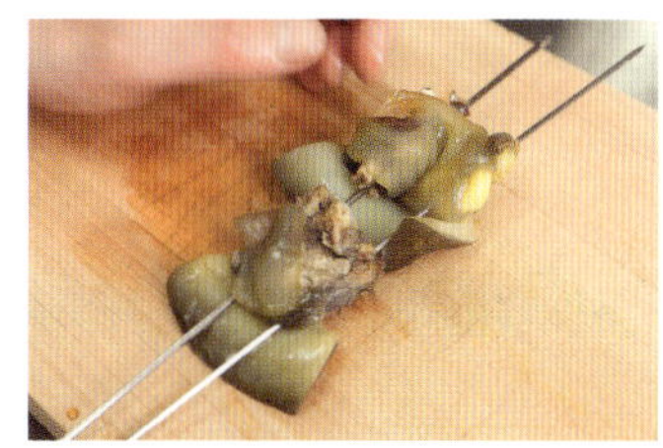

2 평행이 되도록 살쪽에 중간 굵기의 꼬치를 1개 더 꽂는다.

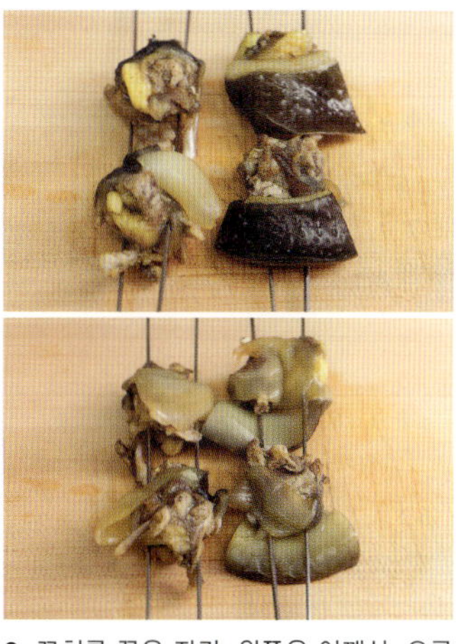

3 꼬치를 꽂은 자라. 왼쪽은 어깨살, 오른쪽은 지느러미.

바삭하게 구운 겉면과
독특한 젤라틴질 식감이 대비를 이룬다.

1 불세기를 5로 조절하여 겉면부터 굽기 시작한다. 🔥5

2 사진과 같은 정도로 구운 색이 나면 뒤집는다. 🔥5

3 솔로 유안지B를 2~3번 바른다. 자라가 이미 완전히 익은 상태이므로, 양념을 발라서 맛이 배게 하는 작업이다. 🔥5

4 유안지가 마르고 맛이 배면 꼬치를 뒤집어서, 반대쪽에도 양념을 2~3번 바른다. 🔥5

5 3번 정도 꼬치를 뒤집어서 유안지를 바른 다음, 구운 색이 진해지고 맛이 배면 마무리 굽기를 시작한다. 🔥5

6 구운 색을 고르게 낸다. 🔥5

7 완성된 자라 구이.

장어 Ⅰ

가바야키

굽는다 → 껍질에 구멍을 낸다 → 굽는다
→ 양념을 발라서 굽는다 → 말린다

6~10월까지 매장에서 선보이는 스페셜 메뉴. 먼저 큰 장어를 준비하는 것으로 작업이 시작된다.

특히 7~8월의 장어는 껍질이 얇고, 살이 도톰하며, 지방이 듬뿍 올라서 맛이 좋다.

구입한 다음 3일 정도 지방을 숙성시켜서 사용한다.

양념을 바르지 않고 굽는 시라야키와 양념을 발라서 굽는 가바야키를 소개하는데,

2가지 모두 껍질은 바삭하고 살은 부드럽게 굽는다.

잔칼집을 낸 부분에서 살이 부풀어올라, 굽기 전보다 2배 정도 두툼해진다.

민물고기 특유의 냄새를 없애기 위해 껍질과 살 사이의 기름을 충분히 제거하는 것이 포인트.

등가르기

등가르기를 한 장어. 여기서는 1마리 2kg 짜리 시가현 비와호산 장어를 사용하였다. 이 정도 크기의 장어는 구입한 후 3일 정도 지나면 지방이 잘 숙성된다. 1kg 정도 되는 장어는 손질한 후 2~3일 정도 그대로 둔다. 머리 가까이에 지방이 많을 것 같지만, 머리 주위에는 지방이 적고 살이 비교적 단단하다. 구이용으로는 길이를 2등분했을 때 꼬리쪽 살이 좋은데, 살이 두툼하고 맛이나 육질이 고르기 때문이다.

자른다

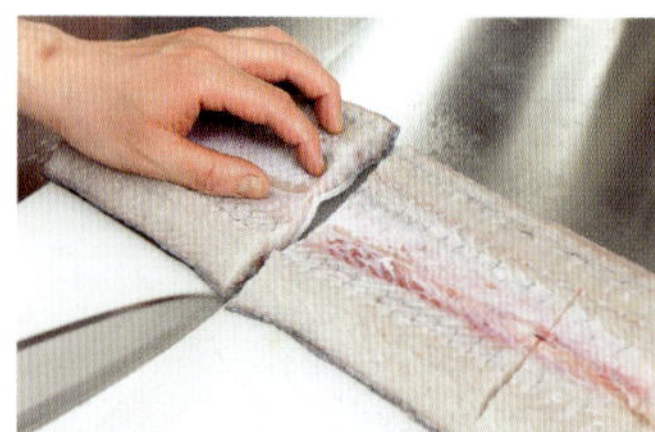

1 1마리를 3등분한다.

2 남아 있는 뼈의 양쪽에 칼을 넣어 뼈를 제거한다.

3 세로로 잘게 칼집을 낸다. 껍질 바로 위까지 깊게 낸다.

4 칼끝으로 껍질쪽에 구멍을 낸다. 이 구멍으로 기름이 빠져나온다.

꼬치를 꽂는다

1 껍질보다 조금 위쪽에 꼬치를 꽂는다.

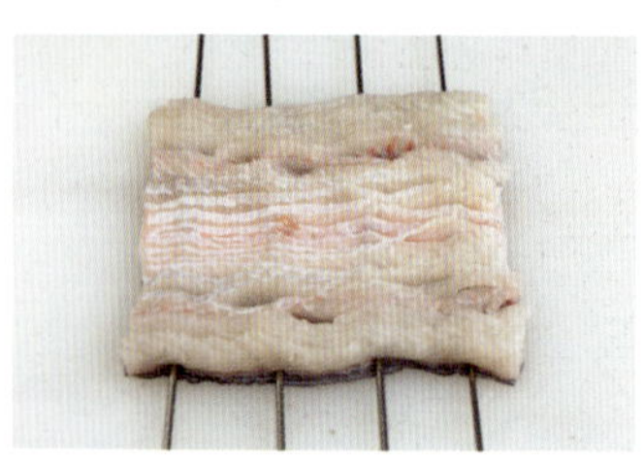

2 오른쪽, 왼쪽, 가운데 2개로, 총 4개의 꼬치를 꽂는다.

3 껍질쪽에는 꼬치가 보이지 않게 꽂는다.

도톰한 장어에 양념을 발라서 구웠을 때만 느낄 수 있는 식감.
껍질은 바삭하고 살은 부드럽다.
감칠맛 나는 장어 기름과 양념이 잘 어우러진다.

가바야키에 사용한 부위는 배보다 조금 뒤쪽의 살로, 기름이 많다.

장어에서 빠져나온 기름을 양념에 섞어서 바르는 것이 포인트. 기름을 양념에 섞으면 장어에 맛이 잘 밴다.

장어양념은 p.16을 참조한다.

처음에는 주로 살쪽에 양념을 바르면서 익히지만, 양념이 잘 배면 양면에 고르게 발라서 익힌다.

껍질은 바삭하고 살은 부드럽게 굽는 것이 중요하다.

굽는다

1 불세기는 4로 조절한다. 🔥4

2 껍질쪽부터 굽기 시작한다. 🔥4

3 껍질 겉면의 점액질이 익어서 하얗게 변하면, 쇠꼬치로 구멍을 많이 내서 기름이 빠져나올 통로를 만든다. 🔥4

4 살이 부드럽게 부풀어서 하얗게 변하면, 뒤집어서 껍질쪽을 굽는다. 불세기를 3으로 줄인다. 🔥3

5 껍질쪽에 사진처럼 구운 색이 나기 시작하면 살쪽을 굽는다. 불세기를 5로 올린다. 🔥5

6 살쪽에 구운 색이 나고 기름이 적당히 빠지면, 뒤집어서 솔로 살쪽에 장어양념을 바른다. 기름을 어느 정도 빼지 않으면 양념이 잘 배어들지 않는다. 🔥5

7 양념과 기름을 양념통에 다시 받아서 잘 섞는다. 잘 섞은 양념을 장어에 바른 다음 다시 양념통에 받는 과정을 3번 정도 반복한다. 🔥5

8 사진처럼 양념이 잘 배면 잠시 동안 껍질쪽을 굽는다. 🔥5

9 껍질쪽에 탄 자국이 생기면 뒤집어서 살쪽을 굽는다. 불세기는 5를 유지한다. 더 이상 강한 불로 구우면 탈 수 있다. 🔥5

10 살쪽에 사진처럼 노릇노릇하게 구운 색이 나면 뒤집어서 다시 한 번 껍질쪽을 굽는다. 🔥5

11 양념을 바르고 양념통에 받는 과정을 몇 번 반복하면서 살쪽을 굽는다. 사진처럼 살쪽에 양념이 배면 껍질쪽을 굽는다. 🔥5

12 껍질쪽에 처음으로 양념을 바르고 다시 양념통에 받는다. 지금까지는 살쪽을 중심으로 구웠지만, 여기서부터는 껍질쪽과 살쪽을 고르게 익힌다. 🔥5

13 뒤집어서 다시 한 번 살쪽에 양념을 바르고 양념통에 받는다. 🔥5

14 뒤집어서 껍질쪽에 양념을 바른다.(2번째) 양념이 마르면 다시 바르는 과정을 반복한다. 살쪽과 껍질쪽에 각각 1번씩 더 양념을 바른다. 껍질쪽은 맛이 충분히 배어든 상태. 🔥5

15 살쪽에 맛이 충분히 밸 때까지 반복해서 양념을 바른다. 양념이 타지 않도록 화로 가장자리로 옮겨서 양념을 바른 다음, 다시 불 위로 옮긴다. 🔥5

16 마무리 굽기. 구운 색이 충분히 나면 껍질쪽과 살쪽을 구워서 양념을 말리고 완성한다. 🔥5

17 완성된 장어 가바야키. 껍질은 바삭하고 살은 부드럽다.

장어 II

시라야키

굽는다 → 껍질에 구멍을 낸다 → 굽는다

장어가 더 클 경우에는 여기서 설명하는 불세기보다 조금 낮은 온도에서 굽기 시작한다.
불세기는 부위와 지방함량에 따라 다르다. 여기서는 머리 주변의 지방이 비교적 적은 부위를 사용하였지만,
배 뒤쪽의 지방이 많은 부위를 사용할 경우에도 낮은 온도에서 굽는 것이 좋다.
껍질과 살 사이의 지방에는 민물생선 특유의 비린내가 있기 때문에, 껍질쪽을 살짝 구운 다음 꼬치로 작은 구멍을
여러 개 내고 충분히 구워서 기름을 제거하는 것이 포인트. 껍질을 바삭하게 태우듯이 구워서 완성한다.

※ 꼬치에 꽂기까지의 준비과정은 가바야키와 같다.(→ p.124)

1 불세기를 3으로 약하게 조절하고 껍질쪽부터 굽기 시작한다. 🔥3

2 껍질 겉면의 점액질이 익어서 하얗게 되면 껍질에 구멍을 뚫을 수 있으므로, 겉면에 쇠꼬치로 작은 구멍을 뚫어서 기름이 빠져나갈 통로를 만든다. 🔥3

3 구멍을 뚫은 다음 불세기를 4로 올려서 살쪽을 굽는다. 🔥4

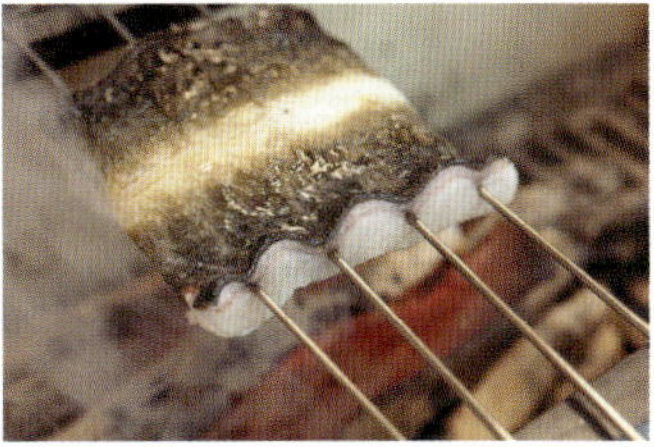

4 살쪽에 칼집을 낸 부분에서 기름이 떨어지기 시작하면 연기가 난다. 익으면 살이 부풀어오른다. 🔥4

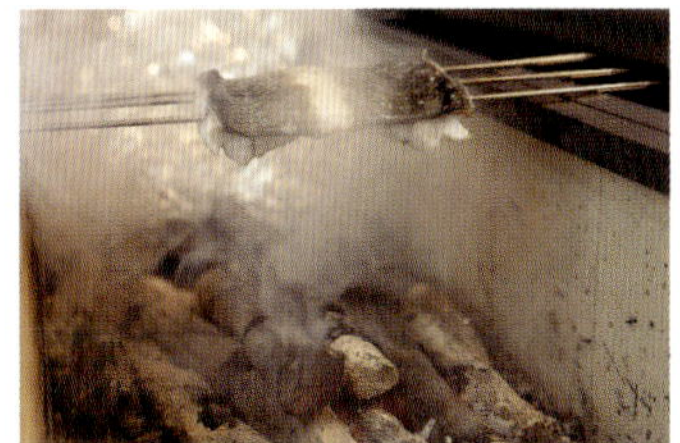

5 기름이 많이 떨어진다. 🔥4

6 살쪽에 구운 색이 조금씩 나기 시작하면 뒤집어서 껍질쪽을 굽는다. 불세기를 5로 올린다. 🔥5

7 껍질쪽의 구운 색이 점점 진해져도 계속 껍질쪽을 굽는다. 🔥5

8 사진과 같은 정도로 껍질에 구운 색이 나면 살쪽을 굽는다. 🔥5

9 살쪽에 사진처럼 구운 색이 나면 껍질쪽을 굽는다. 🔥5

10 껍질쪽의 구운 색이 점점 진해져도 계속 껍질쪽을 구워서, 민물고기 특유의 비린내가 나는 기름을 완전히 제거한다. 불이 약해지면 숯을 다시 쌓아올려 불세기를 5로 유지한다. 🔥5

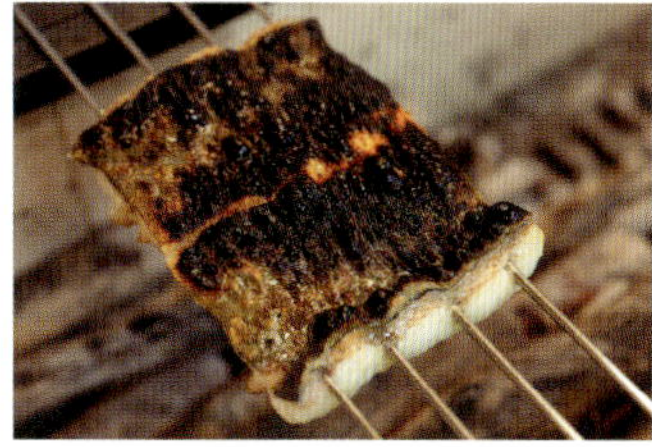

11 사진과 같은 정도로 껍질이 구워지면 마무리로 살쪽을 굽는다. 여기서부터 구운 색을 조절하여 고르게 만든다. 🔥5

12 완성된 장어 구이.

전갱이

<u>머리와</u> 꼬리를 자르지 않고 통으로 구울 경우 모양을 보기 좋게 잘 잡아주는 것이 중요하다.
살아서 움직이는 생선의 모습을 재현할 수 있도록 꼬치를 꽂는다.
마치 살아 있는 것처럼 몸이 물결치듯이 구부러지게 꽂는다.
<u>머리와</u> 뼈도 붙어 있으므로 충분히 익히기 위해 약불에서 천천히 굽는다.
살이 부서지지 않도록 가능하면 뒤집거나 꼬치를 이동시키지 않고,
화로에 숯을 높이 쌓거나 낮고 평평하게 쌓아서 불세기를 조절한다.

씻는다

1 비늘을 긁어내고 아가미를 제거한다. 무게 270g, 길이 31㎝짜리 도쿠시마산 전갱이를 사용하였다.

2 접시에 담을 때 아래로 가는 쪽의 가슴지느러미가 붙어 있는 부분부터 배쪽을 향해 어슷하게 칼집을 낸다.

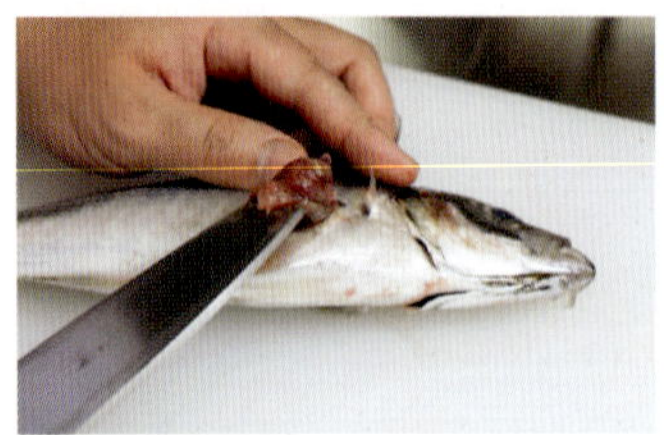

3 이 부분에 칼끝을 넣어 내장을 꺼낸다.

4 양쪽 배에 있는 가시같이 단단한 비늘을 제거한다.

5 양쪽에 12개 정도의 칼집을 비스듬히 얕게 낸다.

소금을 뿌린다

트레이에 소금을 뿌리고 전갱이를 올린다. 그 위에 다시 소금을 뿌리고 30분 동안 두어서 소금이 전체적으로 잘 배게 한다.

꼬치를 꽂는다

1 전갱이 몸통을 세워서 구부리고, 접시에 담을 때 아래로 가는 쪽의 아가미뚜껑이 붙어 있는 부분에 꼬치를 꽂는다.

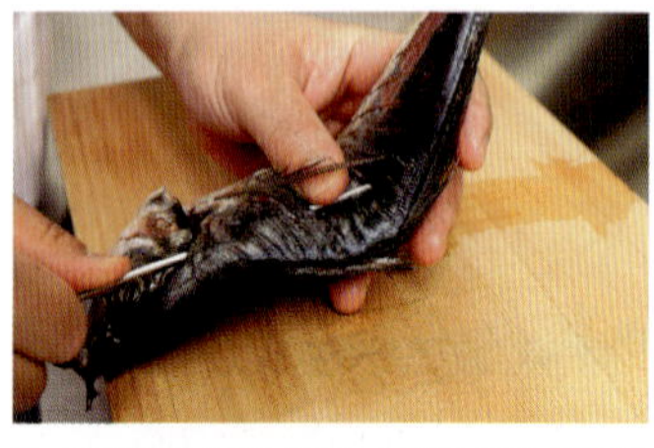

2 사진처럼 바로 잡고 손가락 2개 정도로 떨어진 부분에 꼬치를 다시 넣어서, 가운데 뼈 방향으로 꼬치를 통과시킨다.

3 꼬리지느러미 바로 앞쪽으로 꼬치를 빼낸다.

생선을 통째로 속까지
부드럽게 구워주는 숯불의 매력.

4 다른 꼬치를 아가미뚜껑 아래에 꽂아서 아가미뚜껑을 눌러준다.

5 꼬치가 가슴지느러미 뒤쪽으로 나오게 빼내서, 손가락 2개 정도 떨어진 부분에 다시 꽂아 넣는다.

6 1번째 꼬치와 평행하게 꽂아서, 꼬리지느러미 바로 앞쪽으로 빼낸다.

7 꼬치를 꽂은 전갱이. 접시에 담을 때 위로 오는 쪽으로 꼬치가 보이지 않게 한다. 가슴지느러미, 배지느러미, 꼬리지느러미는 타지 않도록 알루미늄포일로 싼다.

굽는다

1 불세기를 2로 약하게 조절한다. 숯은 재를 씌운 다음 높이 쌓지 않고 평평하게 놓는다. 접시에 담을 때 위로 오는 쪽부터 굽기 시작한다. 🔥2

2 사진과 같은 정도로 구운 색이 나면 뒤집어서 아래쪽을 굽는다. 이 과정에서 70~80% 정도 익힌다. 🔥2

3 뒤집어서 위쪽을 굽는다. 불세기를 3~4로 올린다. 빨갛게 달아오른 숯을 몸통쪽으로 높이 쌓아올린다. 🔥3~4

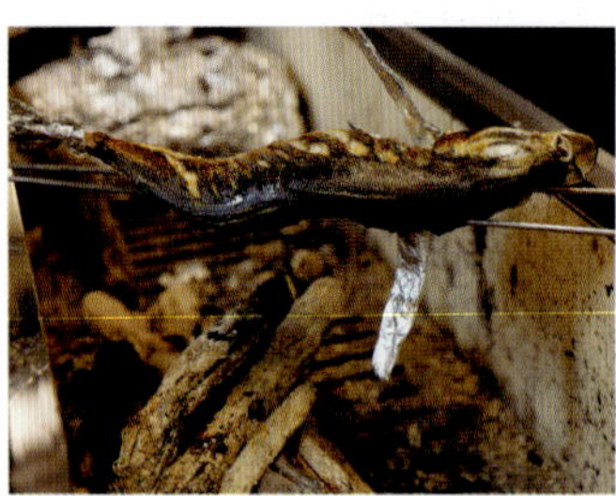

4 중간에 숯을 교체해서 화력을 유지한다. 이때 붉게 달아오른 숯보다 재를 씌운 것이 불세기가 은은해서 좋다. 🔥3~4

5 사진과 같은 정도로 구운 색이 나면 마무리한다. 🔥3~4

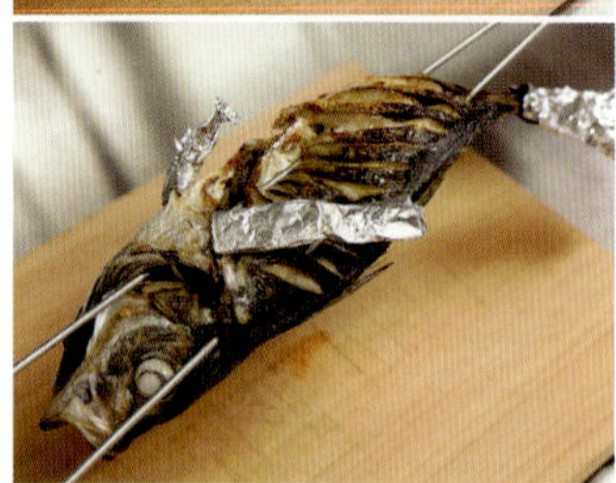

6 완성된 전갱이 통구이. 지느러미를 싼 알루미늄포일을 벗기고 접시에 담는다.

전복

내장양념구이

 굽는다 → 양념을 발라서 굽는다 →
말린다

전복 내장으로 만든 진하고 걸쭉한 양념을 바르면서 굽는다.
양념이 잘 배도록 겉면을 불에 구워서 말린 다음 바른다.
내장양념은 수분이 많기 때문에 타는 것을 걱정하지 말고,
강불에 구워 수분을 날려서 점점 걸쭉하게 만든다.
마무리로 유자껍질을 갈아서 뿌린다.

내장양념

전복 내장(간)	100g
달걀노른자	2개 분량
끓인 청주	20cc
고이쿠치 간장	10cc

1 전복 내장을 깨끗이 손질해서 고운 체에
내린다.

2 달걀노른자, 끓인 청주, 간장을 넣고 섞
는다.

3 내장양념.

칼집을 낸다

1 둥근 전복을 사용한다. 도쿠시마산으로
껍질 포함 500g, 껍질 제거한 살 265g,
내장(간) 100g. 간은 양념을 만든다.

2 아래쪽(관자쪽)에 칼집을 깊고 어슷하게
낸다. 전복살 두께의 30% 정도 깊이까지,
관자 두께보다 깊게 낸다.

3 위쪽에도 같은 방법으로 칼집을 낸다.

꼬치를 꽂는다

두께의 중간 정도에 굵은 꼬치를 꽂는다.
총 4개의 꼬치를 꽂는다.

1 불세기를 6으로 조절하고 위쪽부터 굽는다. 🔥6

2 위쪽이 말라서 살짝 익으면 뒤집어서 아래쪽을 굽는다. 🔥6

3 아래쪽도 겉면이 마르면 양쪽에 내장양념을 듬뿍 끼얹는다.

4 불세기를 8로 올려서 위쪽부터 굽는다. 아래쪽에 내장양념을 몇 번씩 끼얹으면서 굽는다. 🔥8

5 위쪽이 마르면 뒤집어서 아래쪽을 굽는다. 위쪽에도 내장양념을 몇 번씩 끼얹는다. 🔥8

6 마르면 뒤집어서 위쪽을 굽는다. 아래쪽에 내장양념을 끼얹는다. 🔥8

7 이 정도로 구우면 양념이 바로 마르기 때문에, 마르면 부지런히 뒤집고 다시 양념을 끼얹는다. 불꽃이 일어나면 숯에 재를 씌운다. 🔥8

8 6~7번 정도 양념을 끼얹고 뒤집어서 굽는 것을 반복하여, 양념의 수분을 날리고 걸쭉하게 만들어서 전복에 듬뿍 묻힌다. 🔥8

9 마지막은 위쪽을 말려서 마무리한다. 🔥8

10 완성된 전복 구이.

진한 내장양념은 수분을 날려서 감칠맛을 응축시키고,
전복살은 부드러우면서도 탄력 있게 완성한다.

쥐노래미

초피미소구이

소금 → 굽는다 → 초피미소를 올린다
→ 초피미소를 굽는다

<u>쥐노래미</u>는 지방이 적고 담백한 생선이다. 훈연향이 잘 배지 않기 때문에 초
피미소를 올려서 감칠맛을 더한다.

<u>중불로</u> 껍질을 구워서 생선의 모양을 잘 잡아준 다음, 뼈를 자른 생선살이
골고루 잘 익도록 약불로 줄인다. 마지막은 껍질이 바삭해지도록 강불로 굽
는다. 껍질이 구워지면 초피미소를 불에 구워서 마무리한다.

초피미소

다마미소	200g
초피(잎)	10g
아오요세	20g

※ 초피잎을 절구에 빻은 다음, 미소와 아
오요세를 넣고 섞는다.

자른다

1 3장뜨기해서 가운데뼈를 제거한다.

4 1조각이 100g이 되게 자른다.

꼬치를 꽂는다

1 껍질보다 조금 위쪽에 가는 꼬치를 꽂는
다. 이보다 위쪽에 꼬치를 꽂으면 살이 부
서지기 쉽다. 칼집 낸 부분도 빼놓지 말고
한 장 한 장 꼼꼼하게 꽂는다.

2 오른쪽, 왼쪽, 가운데 2개의 순서로 총 4
개의 꼬치를 꽂는다. 꼬치의 개수는 생선살
의 크기에 따라 결정한다.

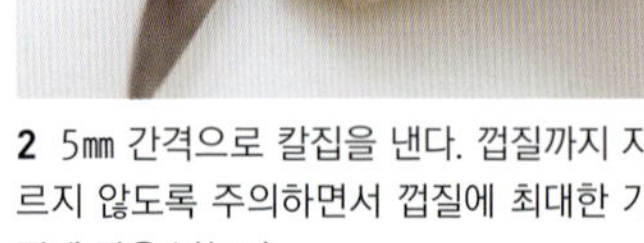

2 5mm 간격으로 칼집을 낸다. 껍질까지 자
르지 않도록 주의하면서 껍질에 최대한 가
깝게 칼을 넣는다.

소금을 뿌린다

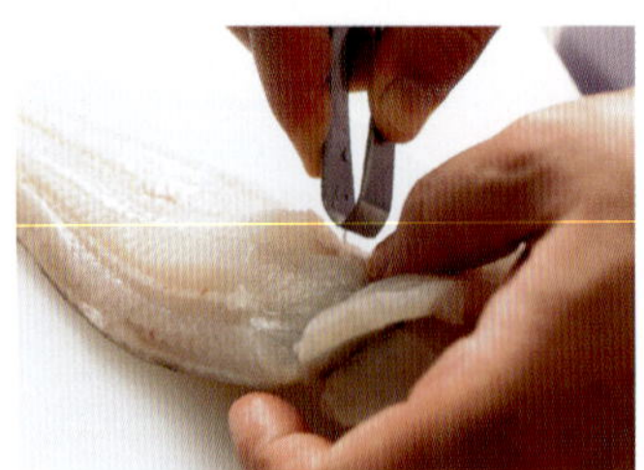

3 칼에 가시가 닿으면 그때그때 핀셋으로
가시를 뺀다. 배 주변까지는 가운데뼈가 휘
어져 있기 때문에 미리 제거해도 가시가 남
아 있다.

트레이에 소금을 조금 뿌리고 그 위에 껍질
이 아래로 가게 쥐노래미를 나란히 올린다.
위에도 소금을 골고루 뿌리고, 10분 동안
상온에 두어 소금이 잘 스며들게 한다.

바삭하게 구운 껍질과
위에 올린 초피미소가 맛의 한 수.

1 불세기를 4로 조절하고 껍질쪽부터 굽기 시작한다. 🔥4

2 껍질 겉면이 마르면 뒤집어서 살쪽을 굽는다. 껍질쪽을 먼저 구워야 모양이 잘 잡힌다. 단, 너무 오래 구우면 껍질이 오그라들어 둥글게 말리므로 주의한다. 🔥4

3 칼집 속까지 익혀야 하므로 불세기를 2로 줄인다. 강불로 구우면 살이 마르고 퍼석거리며 칼집 부분의 가장자리가 탄다. 🔥2

4 이 과정은 굽는다기보다 말리는 느낌이다. 옆쪽도 익혀서 칼집 낸 부분의 모양을 1장씩 잡아주고, 수분과 기름을 천천히 빼낸다. 🔥2

5 계속해서 살쪽을 익힌다. 옅은 갈색이 되면 불세기를 3~4로 올린다. 계속 약불로 구우면 감칠맛이 빠져나간다. 🔥3~4

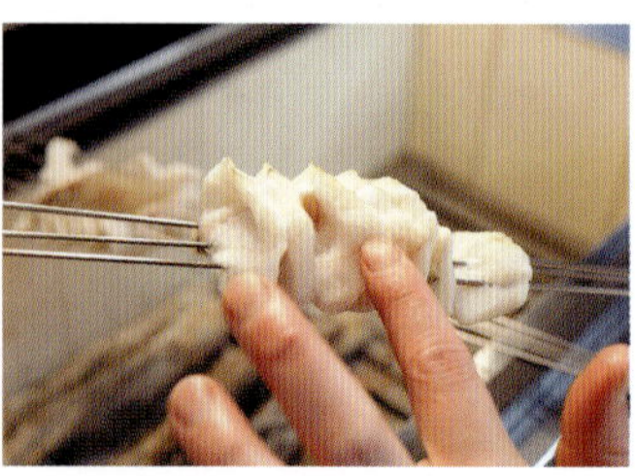

6 칼집 낸 부분을 벌려서 껍질쪽까지 익었는지 확인하고 뒤집는다. 🔥3~4

7 껍질쪽을 굽는다. 🔥3~4

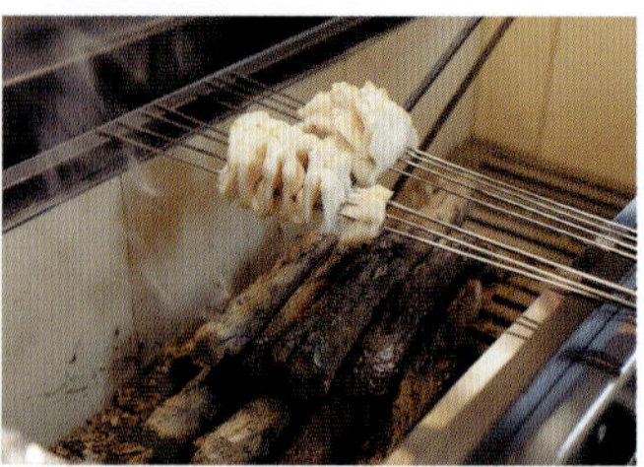

8 껍질이 바삭해지도록 숯을 더 쌓고, 불세기를 5~6, 6~7로 천천히 올린다. 🔥5~7

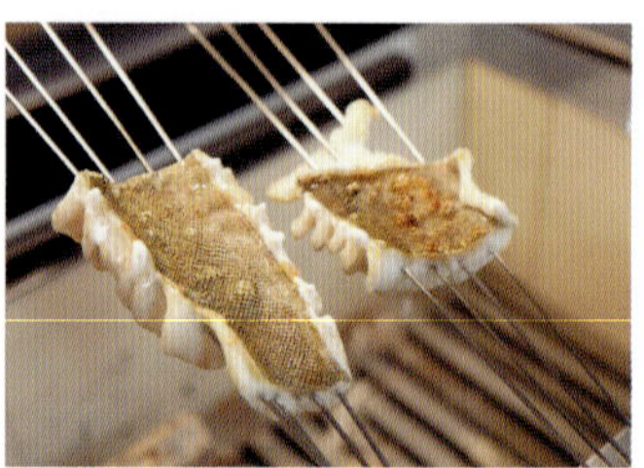

9 껍질이 부풀어 오른다. 사진처럼 껍질에 구운 색을 낸다. 🔥7

10 불에서 내린 다음 스푼으로 살쪽에 초피미소를 올린다.

11 불세기를 2로 줄이고 초피미소를 굽는다. 🔥2

12 타지 않게 주의하면서 미소에 구운 색이 고르게 나도록, 붉게 달군 숯을 위쪽에 대고 굽는다. 🔥2

13 미소가 굳어지고 구운 색이 나면 완성. 🔥2

14 초피미소가 노릇하게 익었다.

참돔 I

도미는 지방이 적은 생선이다. 처음부터 강불로 굽기 시작하면 겉면의 단백질이 단단해져서
지방이 적은 만큼 속까지 익히기 힘들기 때문에, 처음에는 약불로 굽는 것이 중요하다.
지방이 적어서 불조절을 잘해야 하는, 굽기 어려운 생선이다.
당연히 연기도 잘 생기지 않기 때문에 훈연향을 내기도 어렵다.
껍질이 타기 쉬우므로 주로 살쪽을 익힌다. 껍질쪽은 30%, 살쪽은 70% 정도 익힌다.

자른다

1 3장뜨기한 다음 1장을 뱃살과 등살로
나눈다.

2 껍질쪽에 전체적으로 잔칼집을 낸 다음
자른다.

3 1장이 80g이 되게 나눈다.

소금을 뿌린다

트레이에 소금을 얇게 깔고 껍질이 아래로
가게 나란히 올린다. 다시 위에 소금을 살
짝 뿌린다. 1시간 정도 상온에 둔다.

꼬치를 꽂는다

뱃살의 얇은 부분은 접고, 살을 구부려서
꼬치를 꽂는다. 생선살의 크기에 따라 꼬치
의 개수를 정한다. 사진에서 왼쪽은 뱃살,
오른쪽은 등살이다.

속에서부터 볼록하게 부풀어 오른
폭신하고 담백한 맛.

굽는다

1 처음에는 불세기를 2로 약하게 조절하여 껍질쪽부터 굽기 시작한다. 지방이 적어서 단백질이 단단해지기 쉽기 때문에 약불로 먼저 굽는 것이다. 🔥2

2 사진처럼 껍질에 구운 색이 나고, 20% 정도 익으면 살쪽을 굽는다. 🔥2

3 불세기를 3으로 올린 다음 뒤집는다. 🔥3

4 껍질쪽을 굽는다. 껍질은 타기 쉬우므로 주의한다. 🔥3

5 불세기를 4까지 올리고 살쪽을 굽는다. 꼬치를 움직여서 고르게 익힌다. 🔥4

6 살쪽에 사진과 같은 정도로 구운 색이 나면, 숯을 쌓아올려서 불세기를 6으로 올린다. 🔥6

7 계속해서 살쪽을 굽는다. 🔥6

8 사진처럼 살쪽에 구운 색이 나면 껍질쪽을 굽는다. 불세기를 7로 올리고 껍질만 바삭하게 익혀서 완성한다. 🔥7

9 껍질에 사진처럼 구운 색이 나면 완성.

참돔 II

힘차게 헤엄치는 듯한 자연스러운 도미의 모습을 살려서 꼬치를 꽂는다. 꼬리와 머리가 붙어 있는 채 통으로 구울 때는, 생선 모양을 보기 좋게 살리는 것이 중요하므로 모양을 망가뜨리지 않도록 뒤집는 횟수를 최대한 줄인다. 또한 등지느러미는 세우고, 가슴지느러미, 배지느러미, 꼬리지느러미는 타지 않도록 알루미늄포일로 싸두는 것이 좋다. 단, 알루미늄포일이 너무 무거우면 지느러미 모양이 손상되므로 주의한다.

뼈를 제외한 모든 부위를 먹을 수 있도록 충분히 익혀야 하므로, 익을 때까지는 타지 않게 약불로 굽는다. 350g짜리 작은 참돔을 사용하였다.

꼬치를 꽂는다

1 접시에 담을 때의 위쪽이 위로 오게 도마 위에 올리고, 머리를 잡아서 생선 몸통을 구부린다.

2 아래쪽(뒤쪽)의 머리와 몸통이 연결된 부분부터 아래를 향해 꼬치를 꽂는다.

3 사진처럼 뒤집어서 잡고 엄지손가락 2개 정도 떨어진 부분에 꼬치를 다시 꽂는다. 간격이 좁을수록 머리가 위로 들린다.

4 가운데뼈 아래를 지나 꼬리지느러미 앞으로 꼬치를 빼낸다. 위쪽의 살이 망가지지 않도록 주의한다.

씻는다

1 아가미를 제거하고 비늘을 긁어낸 참돔을 준비한다.

2 접시에 담을 때 아래로 가는 배쪽에 어슷하게 칼집을 낸다. 배 아래쪽을 똑바로 자르면 살이 얇아서 부서지기 쉽다.

3 칼집 사이로 내장을 빼낸다. 배 안쪽을 칫솔로 문질러서 검붉은 살 등을 씻어내고, 물기를 잘 닦는다.

4 양쪽면에 얕은 칼집을 어슷하게 7개씩 낸다.

소금을 뿌린다

트레이에 소금을 뿌리고 접시에 담을 때의 위쪽이 위로 오게 참돔을 올린다. 위에도 소금을 뿌리고 30분 동안 상온에 두어서 소금이 배게 한다.

뼈째로 구운 통구이에는
잘라서 구운 생선에는 없는
지방과 감칠맛이 살아 있다.

5 다른 1개의 꼬치는 아가미 뚜껑을 누르 듯이 위에서 꽂아, 가슴지느러미 뒤쪽으로 빼낸다.

6 배쪽에 낸 칼집 위로 꼬치를 통과시켜서 칼집을 눌러준다.

7 1번째 꼬치와 평행이 되도록 꽂아서 꼬리지느러미 바로 앞으로 빼낸다.

8 등지느러미 중에서 1번째 지느러미를 뽑는다.

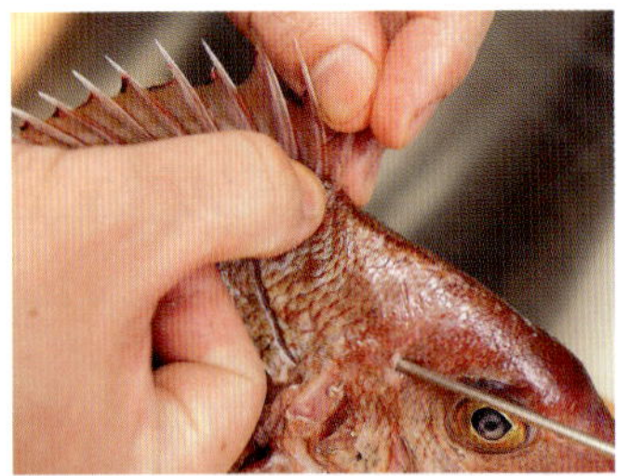

9 등지느러미를 넓게 펴고 뽑아낸 1번째 지느러미를 2번째 지느러미 아래쪽에 비스 듬히 꽂아서 세운다. 큰 참돔은 가슴지느러 미에 이쑤시개를 꽂아서 세운다.

10 가슴지느러미, 배지느러미, 꼬리지느 러미는 타지 않게 알루미늄포일로 싼다.

굽는다

1 불세기를 2로 조절한다. 숯에 재를 덮어 약하게 낮춘다. 뼈가 있기 때문에 천천히 온도를 올린다. 🔥2

2 접시에 담을 때 위로 오는 쪽부터 굽는 다. 꼬리지느러미는 아래로 구부리고 지지 대로 고정시킨다. 🔥2

3 모양이 고정되면 지지대를 빼고 계속 약 불로 굽는다. 껍질이 찢어지지 않도록 자주 뒤집지 않는 것이 좋다. 🔥2

4 사진처럼 구운 색이 나면 아래쪽을 굽는 다. 꼬리지느러미는 익어서 모양이 잡힌 상 태. 🔥2

5 아래쪽에도 4처럼 구운 색이 나면 뒤집 어서 위쪽을 굽는다. 전체의 70~80% 정 도가 익은 상태이다. 기름을 빼기 위해 숯 을 쌓아서 불세기를 3으로 올린다. 숯은 꼬 리와 머리쪽이 아닌 몸통쪽으로 쌓는다. 🔥3

6 다시 불세기를 3~4로 올린다. 위쪽의 몸 통쪽에만 탄 자국을 낸다. 🔥3~4

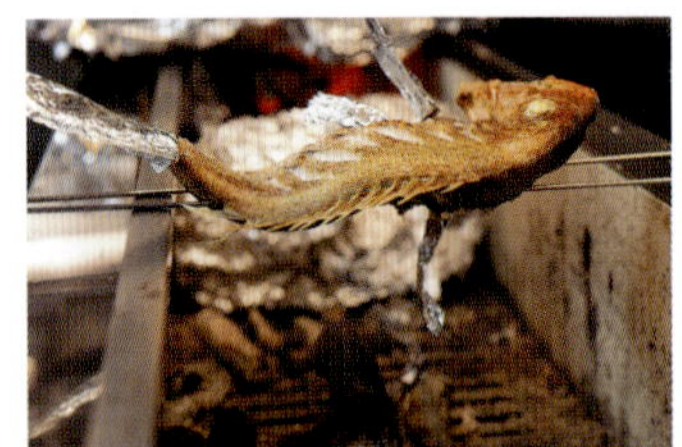

7 뒤집어서 아래쪽에도 탄 자국을 만든다. 🔥3~4

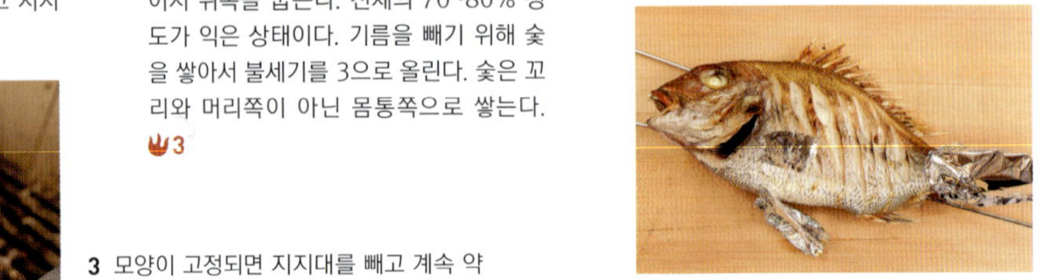

8 완성된 도미 구이. 지느러미를 싼 알루미 늄포일을 벗겨서 접시에 담는다.

홍살치

소금을 뿌려서 숙성시킨 다음 하룻밤 바람에 말린 홍살치.
바람에 말려서 수분이 날아가 생긴 응축된 감칠맛을 숯불로 오래 구우면
건어물을 물에 불린 것처럼 부드럽게 구워진다.
기름이 떨어져서 연기가 나기 시작하면 껍질쪽이 바삭해지도록 불을 조금 세게 올린다.
겉면의 냄새 나는 기름은 구워서 모두 제거하고,
홍살치 특유의 단맛이 있는 맛있는 기름만 남아 있도록 굽는 것이 비결이다.

하룻밤 말린다

등을 가르고 소금을 뿌려서 숙성시킨 다음
하룻밤 말린 홍살치. 1마리 250g.

꼬치를 꽂는다

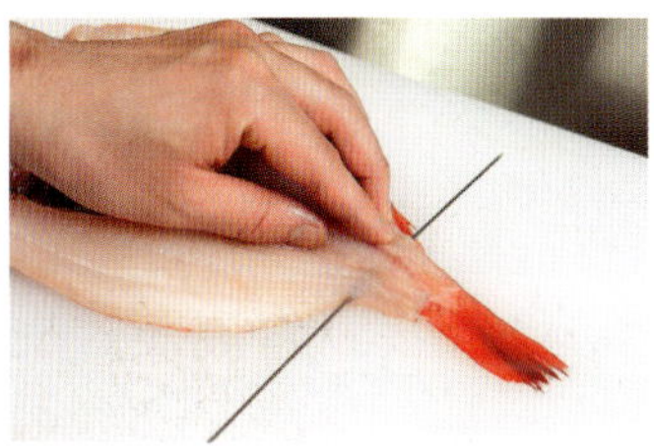

1 가는 꼬치를 꼬리지느러미와 몸통이 이
어진 부분 가까이에 꽂는다. 껍질보다 조금
위, 가운데뼈 바로 아래로 통과시킨다.

3 가슴지느러미, 배지느러미, 꼬리지느러
미는 타지 않게 알루미늄포일로 싼다.

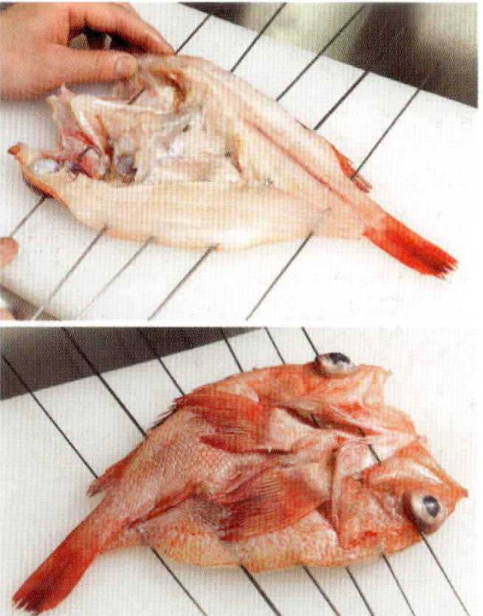

2 중간 굵기의 꼬치 5개를 꽂는다. 1과 같
은 방법으로, 껍질보다 조금 위, 가운데뼈
바로 아래로 지나가게 꽂는다.

건어물을 물에 불리는 것처럼
숯불로 천천히 부드럽게 굽는다.

1 껍질쪽부터 굽기 시작한다. 불세기는 2~3으로 약하게 조절한다. 처음부터 강불로 구우면 타기 쉽다. 천천히 구워서 껍질에서 기름을 뺄 준비를 한다. 🔥2~3

2 살짝 익어서 기름이 떨어지기 시작하면, 빨갛게 달아오른 숯을 쌓아서 불세기를 4 정도로 올리고 조금씩 구운 색을 낸다. 🔥4

3 기름이 많이 떨어지고 연기가 나기 시작한다. 불세기는 4를 유지한다. 부채로 부쳐서 연기의 향이 홍살치 전체에 배게 한다. 🔥4

4 사진처럼 지느러미가 위로 곧게 서고, 껍질이 바삭해지면 뒤집는다. 불세기를 2~3으로 줄여서 살쪽을 굽는다. 🔥2~3

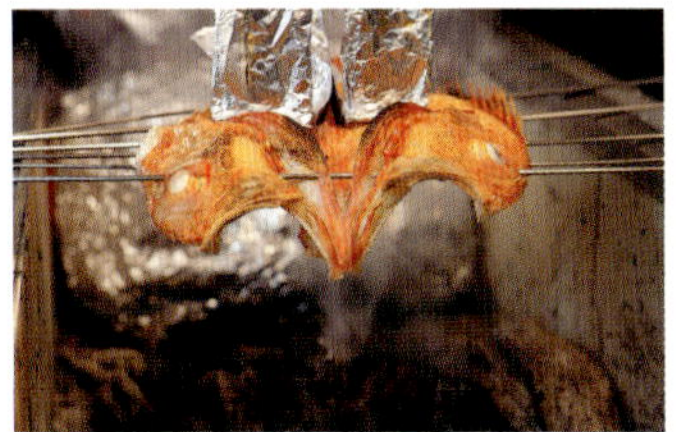

5 살쪽에서 기름이 떨어지기 시작한다. 🔥2~3

6 살쪽에 구운 색이 살짝 나고 거의 익어가면(사진), 껍질쪽을 굽는다. 🔥2~3

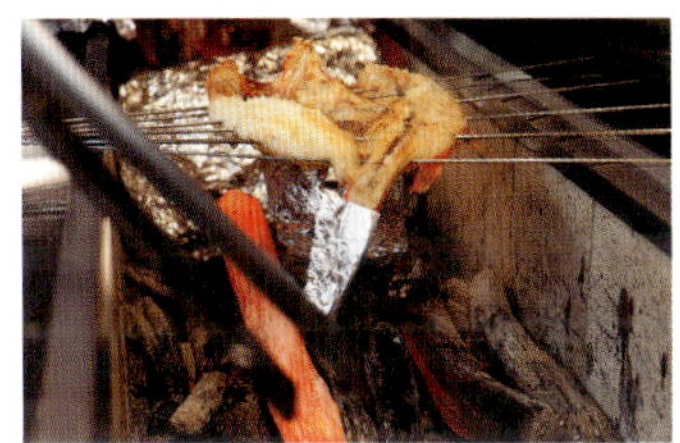

7 불세기를 4로 올린다. 🔥4

8 뒤집어서 살쪽에 구운 색을 내기 시작한다. 숯을 새로 추가하지 않고 다시 쌓아올려서, 숯과 홍살치의 거리를 좁힌다. 살쪽에서 노르스름한 기름이 많이 빠져나오면 부채로 부쳐서 연기를 낸다. 🔥4

9 불세기는 4를 유지하고 뒤집어서 껍질쪽을 굽는다. 기름 튀는 소리가 나기 시작하면 불세기를 5로 올린다. 🔥4~5

10 뒤집은 다음 살쪽을 구워서 겉면의 냄새 나는 기름을 뺀다. 껍질쪽에 노릇노릇하게 구운 색이 난다. 화력이 떨어지면 숯을 교체하여 불세기를 5로 유지한다. 🔥5

11 뒤집어서 껍질쪽을 마무리한다. 구운 색이 나도록 불세기를 6으로 올려서 겉면을 바삭하게 완성한다. 🔥6

12 완성된 홍살치 구이. 지느러미의 알루미늄포일을 벗기고 접시에 담는다.

참치 대뱃살

개성적인 훈연향이 있는 대뱃살(오토로) 구이에는 산뜻하게 소금과 와사비를 곁들이는 것이 좋다.
숯불에 구운 다음 얼음물에 담그고 싶지 않다면, 지나치게 익지 않도록 덩어리로 자른 생선살을 냉장고에 넣어
차갑게 식혀둔다. 이러면 구워서 따뜻해진 겉면과 차가운 속살의 온도 차이를 즐길 수 있다.
대뱃살의 경우 상온에 두면 굽기 전에 기름이 녹아나오므로 주의한다.

덩어리자르기

대뱃살을 180g씩 덩어리로 자른
다. 굽기 직전까지 냉장고에 넣어서
차갑게 식혀둔다.

꼬치를 꽂는다

1 두께의 중간 정도에 굵은 꼬치
를 꽂는다.

2 오른쪽, 왼쪽, 가운데 2개로, 총
4개의 꼬치를 꽂는다.

소금을 뿌린다

굽기 직전에 겉면에 소금을 살짝
뿌린다. 소금 알갱이가 남아 있는
편이 구웠을 때 보기 좋다.

굽는다

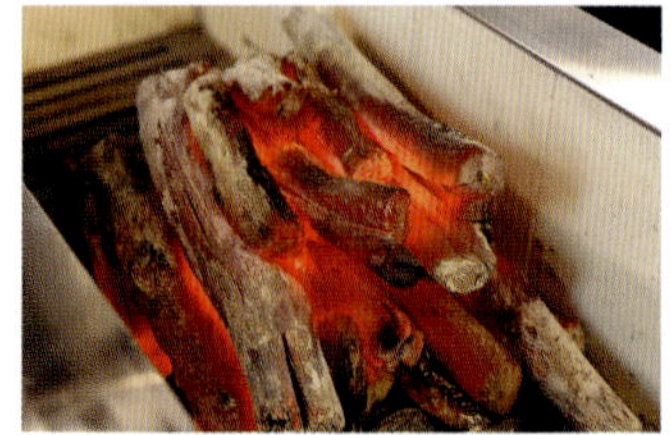

1 강불로 단번에 구워야 하므로 불세기를
10으로 조절한다. 빨갛게 달아오른 숯을
높이 쌓는다. 부채로 부쳐서 새빨갛게 달군
다. ♨10

2 대뱃살을 숯불에 가까이 대고 겉면만 단
번에 굽는다. 부채로 부쳐서 계속 강불을
유지한다. ♨10

3 한쪽을 사진과 같은 정도로 익힌다.
(10% 정도) ♨10

4 뒤집어서 반대쪽도 같은 방법으로 불세
기 10으로 굽는다. ♨10

5 숯의 온도가 점점 올라가므로 높이를
조금 낮춰서 불세기를 10으로 유지한다.
♨10

6 완성된 대뱃살 구이. 소금과 와사비를
곁들인다.

훈연향을 머금은 대뱃살이 달달한 지방과 함께
입안에서 사르르 녹아내린다.

흰꼴뚜기

'흰오징어' 또는 '무늬오징어'라고도 한다. 몸통은 촉촉한 식감과
먹을 때 입안에서 칼집을 낸 부분이 느껴지도록 주로 겉을 굽고 속까지 익히지 않는다.
지느러미는 겉만 태우는 듯한 느낌으로 구워서 오독오독한 식감을 살린다.
지느러미는 얇아서 겉을 구우면 속까지 살짝 구워진다.
너무 오래 구우면 딱딱해지므로 주의한다.

자른다

손질해서 껍질을 벗긴 다음 4등분한다. 1장이 100g. 지느러미는 2등분해서 1장이 약 50g.

꼬치를 꽂는다

1 어슷하게 잔칼집을 낸다. 두께의 40% 깊이까지 칼집을 낸다.

2 바느질하듯이 꼬치를 꽂아서 물결모양을 만든다.

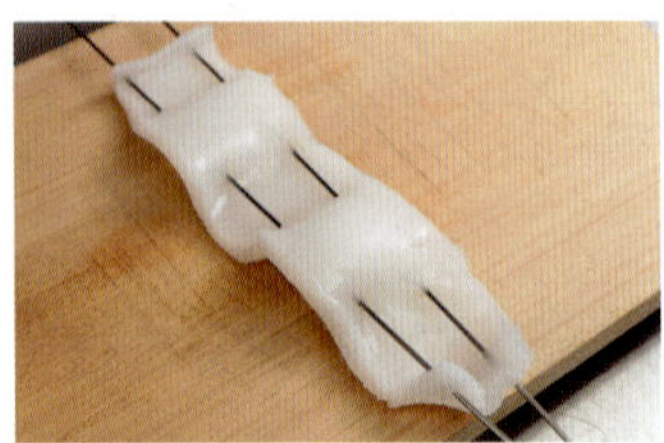

3 평행하게 꼬치를 1개 더 꽂는다.

4 지느러미는 탱탱하게 만들기 위해 칼집을 내지 않는다. 모양이 일정하지 않으므로 가로로 길게 놓고 꼬치로 꿰매듯이 꽂는다. 살짝 물결모양이 되게 한다.

5 사진 크기 정도의 지느러미라면 꼬치를 7개 정도 꽂는다.

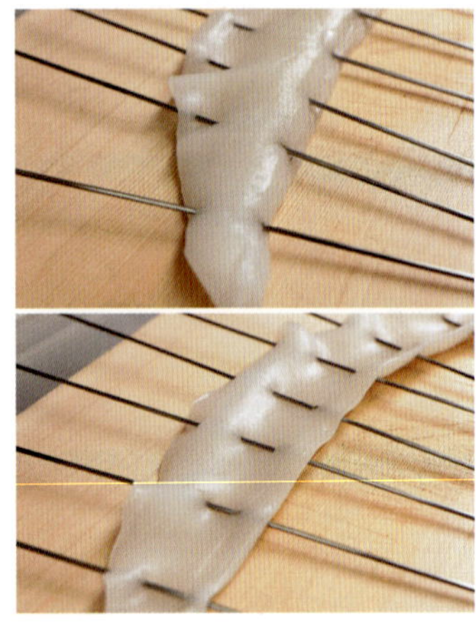

6 지느러미의 겉(위)과 속(아래).

#

몸통은 완전히 익히지 않고,
지느러미는 오독오독하게 굽는다.

몸통을 굽는다

1 불세기는 10. 강불에서 살짝 굽는다. 숯불이 가까워야 하므로 새빨갛게 달군 숯을 높이 쌓아올린다. 🔥10

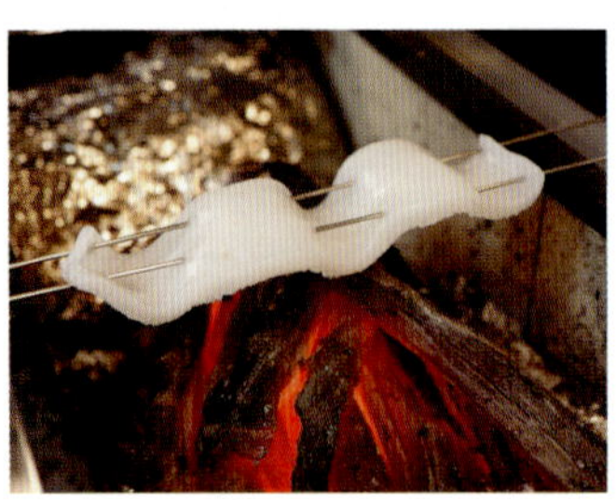

2 겉면을 굽는다. 부채로 부쳐서 강불을 유지한다. 🔥10

3 속살에도 열이 전달되도록 숯을 옮긴다. 계속 부채로 부친다. 🔥10

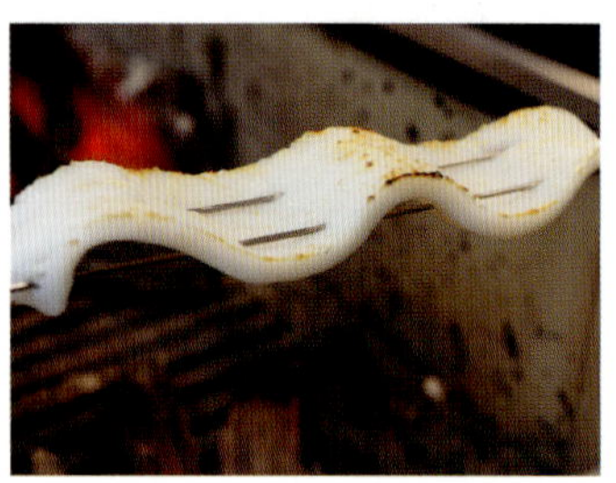

4 탁탁 튀는 소리가 나면 불세기를 3으로 줄인다. 뒤집어서 속살을 굽는다. 따뜻해질 정도로 살짝만 굽는다. 🔥3

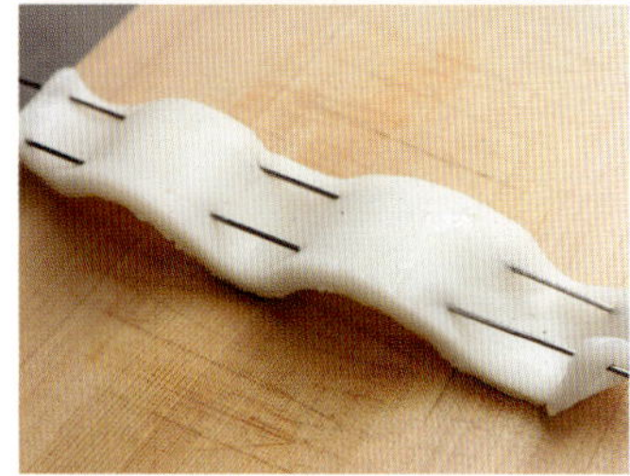

5 바로 불에서 내린다. 겉과 속의 모습. 속살에는 구운 색을 내지 않는다. 소금을 뿌리고 스다치를 곁들인다.

지느러미를 굽는다

6 불세기를 5로 조절하여 겉면부터 굽는다. 🔥5

7 살이 오그라들고 주변이 흰색으로 살짝 변하기 시작하면 뒤집는다. 🔥5

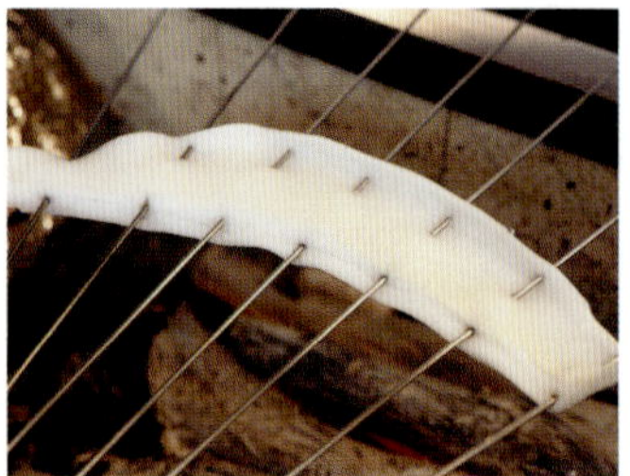

8 살이 얇기 때문에 6, 7에서 열이 속살까지 어느 정도 전달된 상태이므로 살짝만 굽는다. 🔥5

9 불세기를 8로 올리고 뒤집어서 겉면에 구운 색을 낸다. 속까지 구운 색을 내면 과자처럼 단단해진다. 🔥8

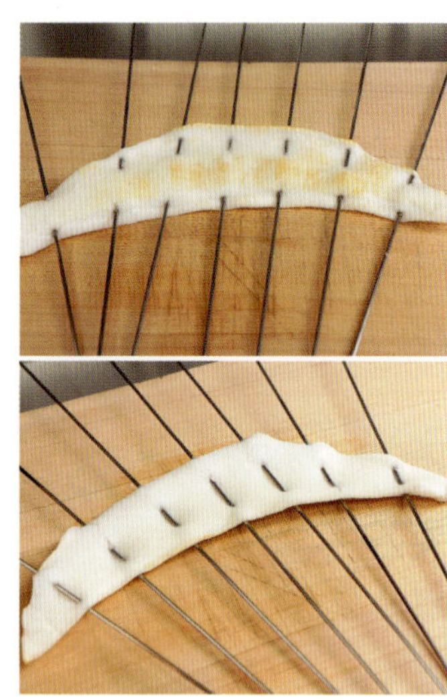

10 완성된 지느러미 구이.

3

육류와 채소

소고기 다리살/소고기 설로인(적육품종)/소고기 안심/소고기 우둔살/돼지고기 목살/오리고기 가슴살/닭고기 가슴살(스루가샤모)/닭고기 다리살(스루가샤모)/닭고기 다리살/죽순

소고기 다리살 I

 미소유안야키

 재운다 → 굽는다 → 양념을 발라서 굽
는다 → 5분 휴지 → 양념을 발라서 굽
는다 → 알루미늄포일 → 굽는다

다리살 안쪽에 있는 '설도'라는 붉은살 부위를 사용하였다. 일반적으로 다리
살은 육질이 단단한데, 설도는 매우 부드러운 것이 특징이다.

설로인 등에 비해 깊은 맛이 부족하기 때문에 미소유안야키로 만들었다. 중
간에 한 번 불에서 내려 휴지시키면서 주위에 발라놓은 양념의 남은 열로 익
힌다. 익는 것과 동시에 양념이 고기 안에 스며든다.

지방이 적은 부위여서 연기가 잘 나지 않으므로, 알루미늄포일을 덮어 훈연
향을 모은다. 미소나 간장은 잘 탄다고 생각하는데, 숯불에 구워 온도가 올
라간 고기에 양념을 바르면 고기 겉면의 온도가 내려가므로 타는 것을 걱정
하지 말고 강불로 굽는다.

미소유안지

유안지	200cc
시로쓰부미소	150g

덧바르기 양념

유안지	150cc
시로쓰부미소	150g

※ 유안지는 맛술2:청주1:간장1.5의 비
율로 만든다. 맛술과 청주를 끓여서 식힌
다음 간장을 넣고 섞는다.

다리살 안쪽의 설도를 사용한다.

붉은살이므로 먹기 좋게 3㎝ 두께로 조금
얇게 자른다. 1장이 220g.

재운다

1 맛이 잘 배도록 꼬치로 찔러서 자른 면
에 구멍을 낸다.

2 미소유안지에 넣고 30분 동안 재운다.

꼬치를 꽂는다

오른쪽부터 순서대로 꽂는다. 고기 덩어리
의 크기에 따라 꼬치 개수를 조절한다. 굵
은 꼬치를 사용한다.

미소유안지의 다이나믹한 감칠맛이
고기를 감싸준다.

1 불세기는 3 정도로 약하게 조절하여 굽기 시작한다. 🔥3

2 겉면이 말라서 겉면만 익으면 뒤집는다. 🔥3

3 마른 부분에 덧바르기 양념을 끼얹는다. 마르지 않으면 양념이 배어들지 않는다. 🔥3

4 사진처럼 양념이 마르면 뒤집는다. 🔥3

5 반대쪽에도 덧바르기 양념을 끼얹는다. 아래쪽에 묻어 있는 양념을 가열하기 위해 불세기를 4로 올린다. 미소는 타기 쉽지만 양념을 바르면 온도가 내려가기 때문에, 주저하지 말고 불세기를 올린다. 🔥4

6 겉면의 양념이 조금씩 타기 시작하면 뒤집는다. 사진은 뒤집은 모습. 🔥4

7 1번씩 더 양념을 끼얹어서 뒤집는다. 🔥4

8 불에서 내려 5분 동안 휴지시킨다.(남은 열이 어느 정도 식으면 된다) 이 과정까지 20% 정도 익는다. 가열된 양념이 고기 속에 스며들어서 고기가 익고, 맛도 잘 밴다. 휴지시키면 10% 정도 더 익는다.

9 다시 불 위에 올린다. 불세기는 4~5로 조절한다. 위쪽에 양념을 끼얹는다. 🔥4~5

10 마르면 뒤집는다. 사진은 뒤집은 모습. 양념이 말라서 가장자리가 조금씩 타기 시작했다. 🔥4~5

11 다시 위쪽에 덧바르기 양념을 끼얹고 강불로 겉면을 익힌다. 양념이 떨어지면 숯의 온도가 내려가므로, 숯을 적당히 더 쌓으면서 굽는다. 🔥8~9

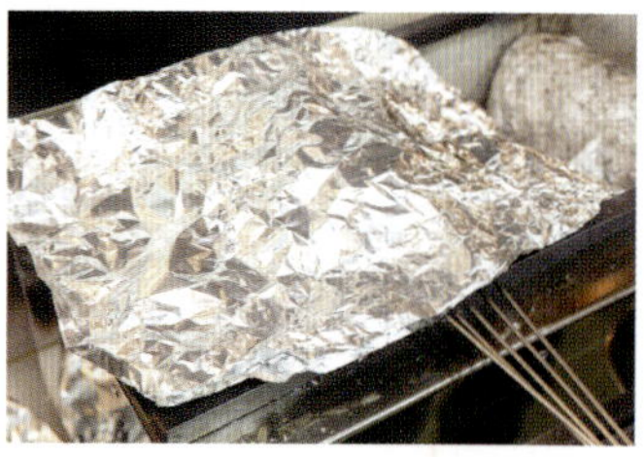

12 알루미늄포일을 씌워서 훈연향을 모은다. 이후 3번 정도 뒤집어서 양념을 끼얹는다. 알루미늄포일을 씌운 채로 굽는다. 🔥8~9

13 알루미늄포일을 벗기고 구운 색이 나면 마무리한다. 🔥8~9

14 완성된 소고기 다리살 구이. 자른 면.

소고기 다리살 II

다타키

A : 소금 → 굽는다 → 연기(짚)에
그을린다(알루미늄포일)
B : 소금 → 불(짚)을 쬐어 굽는다

지방이 적은 소고기 다리살의 겉면을 살짝 구운 '다타키'를 소개한다. 여기서는 2가지 방법을 사용하였다.
2가지 모두 짚으로 연기를 내서 그을리는 과정이 포함된다.
첫 번째는 숯불로 겉면만 익히고 마무리로 짚으로 연기를 내서 그을리는 방법(A), 두 번째는 짚을 태운 불꽃으로 직접
겉면을 굽는 방법(B)이다. A는 숯불로 고기를 적당히 익힐 수 있는 반면, 겉면이 익으면 훈연향이 잘 배지 않는다.
B는 고기를 익히기는 어렵지만 좀 더 강하고 효과적으로 훈연향이 배게 만드는 것이 특징이다.

다리살 중 삼각살 부위.

자른다

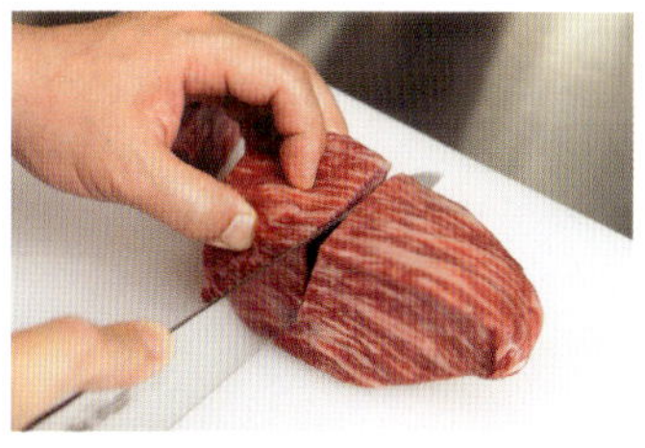

두께 5cm, 1조각이 180g이 되게 자른다.
두툼해야 익는 정도를 조절하기 쉽다.

꼬치를 꽂는다

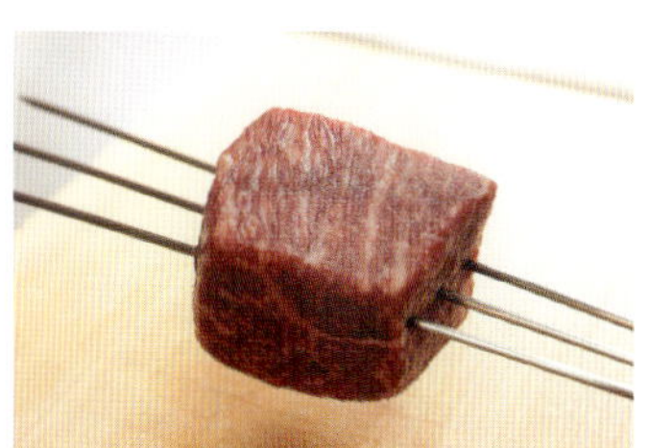

두께의 중간 정도에 3개의 굵은 꼬치를 꽂
는다. 오른쪽, 왼쪽, 가운데 순서로 꽂는다.

[A] 소금 → 굽는다 → 연기(짚)에 그을린다(알루미늄포일)

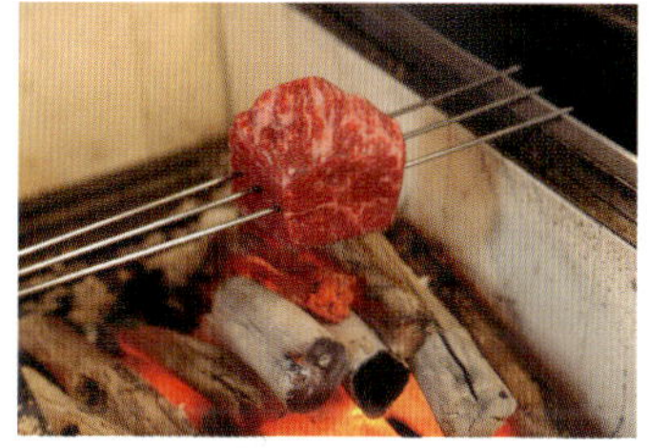

1 소고기 겉면에 소금을 살짝 뿌리고 불세
기 8~9로 굽는다. 지방이 많은 부위가 아
니어서 속까지 온도를 올리기 어려우므로
강불로 굽는다. 🔥8~9

2 한쪽 면이 10% 정도 익으면(사진) 뒤집
는다. 🔥8~9

3 불꽃이 일어나지 않을 정도로 부채를 부
치면서 강불을 유지한다. 이쪽도 10% 정
도 익힌다. 🔥8~9

4 옆면도 강불로 10% 정도 익힌다.
🔥8~9

5 반대쪽 옆면도 같은 방법으로 10% 정
도 익힌다. 🔥8~9

6 사각캔을 가스대 위에 올리고 짚을 세워
서 넣은 다음 새빨갛게 달아오른 숯을 넣어
연기를 피운다.

짚으로 피운 불에
부드러운 붉은살의 겉면만 살짝 굽는다.
짚의 향은 악센트.

7 겉면을 구운 소고기를 사각캔 위에 올리고, 알루미늄포일을 덮어서 연기를 모은다. 산소가 적기 때문에 내부에서 불이 붙지는 않는다.

8 알루미늄포일 사이로 부채를 부쳐서 캔 내부에 연기를 구석구석 가득 채운다. 중간에 꼬치를 뒤집는다.

9 3분 정도 그을려서 꺼낸다.

10 완성된 다리살 구이.

[B] 소금 → 불(짚)을 쬐어 굽는다

1 [A]의 6과 같은 방법으로 숯을 넣고, 소금을 살짝 뿌린 소고기를 올린다. 여기서는 알루미늄포일을 덮지 않고 불꽃을 피워서 굽는다.

2 옆에 짚을 충분히 준비해둔다. 뜨거우므로 내화성 장갑을 사용하는 것이 좋다.

3 불꽃이 줄어들면 짚을 적당히 추가한다.

4 뒤집는다. 불이 잘 닿도록 꼬치를 움직이면서 굽는다. 불꽃이 사그라들면 입으로 불어서 살린다.

5 뒤와 옆도 골고루 불을 쬐어서 굽는다.

6 완성된 다리살 구이. [A]보다 색이 좀 더 진하다.

소고기 설로인
(적육품종)

<u>일본</u> 고유의 품종인 '단각우(短角牛)'와 '적우(赤牛)'의 고기를 '적육(赤肉, 아카니쿠)'이라고 한다.
'흑모화우(黑毛和牛)' 품종과는 달리 마블링은 적지만 고기 본래의 맛을 즐길 수 있기 때문에 최근 주목을 받고 있다.
<u>여기서는</u> 적육품종의 설로인 부위를 사용하였다. 당연히 마블링이 있는 부위와는 다른 방법으로 구워야 한다.
<u>설로인이지만</u> 적육은 마블링이 적어서 잘 익지 않는다. 그러나 강불로 구우면 붉은살의 겉면이 단단해져서
점점 더 속까지 익히기 힘들어지기 때문에 약불로 굽는다.

적육품종의 설로인

꼬치를 꽂는다

두께 3.5㎝, 무게 200g의 설로인. 두께의
중간 정도에 꼬치를 꽂는다. 오른쪽, 왼쪽,
가운데 순서로 꽂는다. 소금, 후추를 뿌리
고 냉장고에 넣어 1시간 동안 그대로 두어
서 맛이 배게 한다.

굽는다

1 불세기를 3으로 조절하여 굽기 시작한
다. ✋3

2 15% 정도 익으면 뒤집는다. ✋3

3 뒤집은 쪽도 15% 정도 익으면 다시 뒤
집는다. ✋3

4 몇 번 정도 뒤집어주면서 양쪽을 40%
정도 익힌다. 불세기는 3~4. 손가락으로
눌렀을 때의 탄력과 가운데 꼬치를 살짝 빼
서 내부 온도를 확인하여, 익은 정도를 판
단한다. ✋3~4

5 마무리 굽기. 불세기를 조금 올려서 4 정
도로 조절하고, 먹음직스럽게 구운 색을 낸
다. ✋4

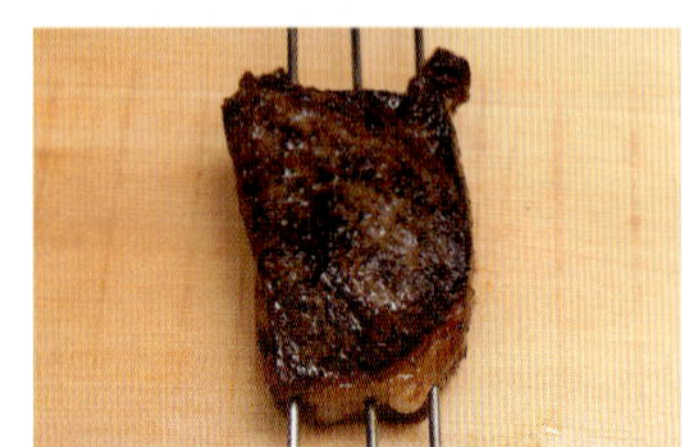

6 완성된 설로인 구이.

7 자른 면.

씹으면 씹을수록 감칠맛이 더해지는
붉은살의 매력적인 맛.

소고기 안심

설로인에 비해 지방이 적고 육질이 부드러운 안심. 같은 소고기라도 부위에 따라 굽는 방법이 달라진다.

지방이 많은 부위는 고기 속에 함유된 지방에 의해 단백질이 가열되어 잘 익기 때문에 강불이 아니어도 괜찮지만,

안심과 같이 지방이 적은 부위는 어느 정도 불을 세게 올리지 않으면 속까지 열이 전해지지 않는다.

그렇기 때문에 강불로 어느 정도 구운 다음 불을 약하게 줄이고, 남은 열을 이용하여 속까지 익힌다.

꼬치를 꽂는다

200g짜리 안심. 두께는 3.5㎝ 정도이다. 두께의 중간 정도에 꼬치를 꽂는다. 먼저 오른쪽, 왼쪽 순서로 꽂고, 다시 오른쪽에서 2번째, 왼쪽에서 2번째에 꽂은 다음, 가운데에 꽂는다. 구울 때 고기가 부스러지지 않도록 주의해서 꽂는다. 소금, 후추를 뿌리고 냉장고에 1시간 정도 넣어두어 맛이 배게 한다.

굽는다

1 불세기를 8로 조절한다. 겉면만 익히는 느낌. 🔥8

2 숯에 기름이 떨어져서 연기가 올라온다. 🔥8

3 옆에서 보면 겉면의 색이 변한 것을 알 수 있다. 뒤집을 때가 된 것이다. 🔥8

4 사진과 같은 정도로 겉면이 익으면 뒤집는다. 이후 몇 번 뒤집어주면서 적당히 익힌다. 🔥8

5 손가락으로 눌러서 고기의 탄력을 보고 익은 정도를 확인한다. 🔥8

6 화로에 불세기 2로 숯을 놓고(숯 개수를 줄인다), 그 위로 꼬치를 옮긴다. 마지막으로 익는 정도를 조절한다. 🔥2

7 사진 정도의 불세기라면 기름이 조금 떨어져도 불꽃이 일어나지 않는다. 🔥2

8 꼬치를 제거한 안심 구이.

쉽게 베어먹을 수 있는 부드러운 육질을
불조절만으로 완성한다.

소고기 우둔살

설로인 뒤쪽에 위치한 우둔살. 둥글고 큰 부위에는 비교적 마블링이 적고,
양옆의 얇은 부위에는 알맞게 마블링이 있어서 씹으면 씹을수록 감칠맛이 더해진다.
설로인과 채끝살의 장점을 모두 갖고 있으며, 마블링의 단맛과 붉은살의 감칠맛이 있는 부위이다.
고기 본래의 맛을 그대로 느낄 수 있는 심플한 소금구이가 어울린다.

우둔살.

꼬치를 꽂는다

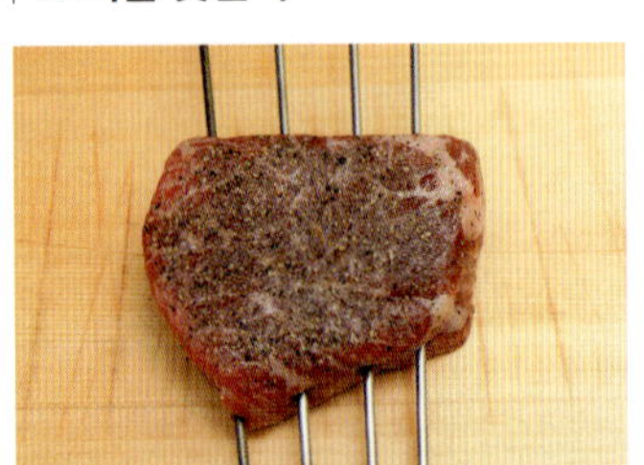

1장이 무게 180g, 두께 3.5cm가 되도록
잘라서 오른쪽부터 4개의 꼬치를 꽂는다.
사진은 소금, 후추를 뿌리고 1시간 동안 그
대로 둔 것.

굽는다

1 불세기를 3으로 조절하여 굽기 시작한
다. 🖐3

2 15% 정도 익으면 뒤집는다. 불세기는 3
을 유지한다. 🖐3

3 뒤집은 쪽도 15% 정도 익으면 다시 뒤
집는다. 🖐3

4 몇 번 뒤집어 주면서 양쪽을 고르게 익
힌다. 🖐3~4

5 꼬치를 조금 빼서 손가락으로 내부 온도
를 확인한다. 🖐3~4

6 마무리로 겉면에 먹음직스럽게 구운 색
을 골고루 낸다. 🖐3~4

7 완성된 우둔살 구이.

8 자른 면.

알맞은 식감과 입안 가득 퍼지는 육즙.

돼지고기 목살

비계에서 기름을 뺄 때 약불로 오래 구우면,
비계가 촉촉하고 부드럽게 구워지면서 기름이 빠진다.
고기가 두툼하기 때문에 알루미늄포일을 덮어서
오븐으로 굽는 것처럼 찌듯이 구워서 완성한다.

소금, 후추를 뿌린다

1 구울 때 기름을 빼기 위해 비계에 격자
무늬 칼집을 낸다. 1장이 267g.

2 트레이에 소금, 후추를 뿌리고 돼지고기
를 올린 다음 그 위에 다시 소금, 후추를 뿌
린다. 지방이 많기 때문에 넉넉하게 뿌린다.

3 상온에 1시간 둔 돼지고기.

꼬치를 꽂는다

오른쪽, 왼쪽, 가운데, 오른쪽 가운데, 왼쪽
가운데의 순서로 꽂는다. 두께의 중간 정도
에 꽂는다.

돼지기름의 감칠맛과
숯불이 만들어낸 훈연향의 조화.

1 불세기를 3~4 정도의 약불로 조절한다. 비계가 있기 때문에 숯에 재를 덮어 불꽃이 일어나지 않게 한다. 🔥3~4

2 꼬치를 올린다. 비계 옆에 숯을 1개 올려서 천천히 기름을 빼낸다. 🔥3~4

3 두툼한 고기를 천천히 익히기 위해서, 처음부터 알루미늄포일을 씌우고 약불로 굽는다. 돼지고기는 마블링이 없기 때문에 처음부터 강불로 구우면 겉면이 단단해져서 속까지 잘 익지 않는다. 🔥3~4

4 많이 익은 상태. 🔥3~4

5 사진과 같은 정도로 구워지면 뒤집는다. 손가락으로 눌렀을 때의 탄력으로 구워진 정도를 확인한다. 🔥3~4

6 다시 알루미늄포일을 씌워서 굽는다. 연기가 가득 차서 고기 위로 배어나온 기름에 훈연향이 밴다. 이 기름이 숯에 떨어져서 다시 연기가 올라온다. 🔥3~4

7 뒤집는다. 마무리 굽기를 시작한다. 강불로 올리지 않고 약불을 유지한다. 여러 번 자주 뒤집지 말고 3번 정도 뒤집어서, 구운 색이 고르게 나도록 조절한다. 🔥3~4

8 꼬치로 찔러서 내부 온도를 확인한다. 🔥3~4

9 완성된 돼지목살 구이. 비계는 부드럽고 촉촉하며 기름도 빠졌다. 유자후추를 곁들이면 좋다.

오리고기 가슴살

 유안야키

 재운다 → 양념을 발라서 굽는다

겨울이 되면 몸속에 지방을 듬뿍 모아두는 오리.

처음에 껍질과 껍질 밑에 있는 지방을 확실히 구워서 제거하는 것이 포인트이다.

확실히 제거하지 않으면 지방 때문에 냄새가 생기므로, 약불로 천천히 구워서 기름을 빼낸다.

굽는 시간은 껍질쪽이 70%, 살쪽이 30% 정도의 비율이다.

일본산 청둥오리를 사용하였다.

오리 가슴살. 1장이 125g.

유안지

맛술	3
청주	1
고이쿠치 간장	1.5

※ 맛술과 청주를 끓여서 알코올을 날린 다음, 식으면 고이쿠치 간장을 넣어 섞는다.

재운다

1 오리 껍질 전체에 격자무늬 칼집을 낸다. 가장자리까지 모두 꼼꼼하게 낸다.

2 뒤집어서 살쪽을 꼬치로 찔러 여러 개의 구멍을 낸다. 껍질쪽 칼집과 살쪽의 구멍을 통해 맛이 배기 쉬워진다.

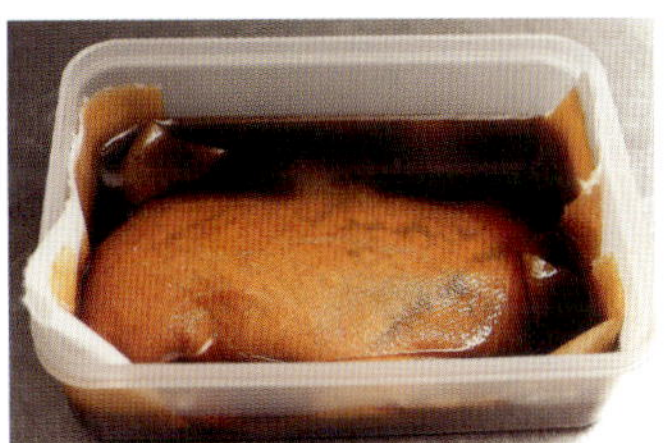

3 껍질이 위로 오게 유안지에 담가서 재운다. 키친타월을 덮어서 윗면까지 유안지가 잘 배게 한 다음, 30분 동안 상온에 둔다.

꼬치를 꽂는다

오른쪽부터 꼬치를 꽂는다. 살 두께의 중간 정도에 꽂는다.

껍질은 바삭하게 굽고,
살에는 은은하게 피 맛을 남긴다.

1 불세기를 3으로 조절하고 껍질쪽부터 굽기 시작한다. 기름만 뺀다는 느낌으로 약불로 천천히 굽는다. 🖑3

2 가끔씩 껍질쪽에 유안지를 솔로 바르면서 계속 껍질쪽을 굽는다. 🖑3

3 유안지를 2~3번 바른 다음 불세기를 5로 조절하고 계속 껍질쪽을 굽는다. 살쪽은 아직 굽지 않았지만, 껍질에 양념을 바를 때 불이 닿아서 살짝 익은 상태이다. 🖑5

4 유안지를 계속 바르면서 껍질쪽의 기름을 완전히 제거한다. 이 작업을 소홀히 하면 냄새가 남는다. 🖑5

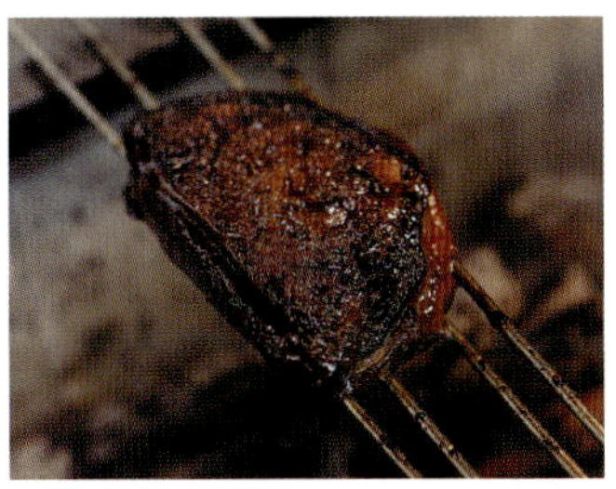

5 껍질의 기름이 충분히 빠지면 살쪽에 유안지를 발라서 굽는다. 유안지를 몇 번 발라주면서 굽는다. 🖑5

6 완성된 오리 구이. 굽는 시간은 껍질쪽 70%, 살쪽 30% 정도의 비율로 굽는다.

7 자른 면.

닭고기 가슴살

(스루가샤모)

<u>스루가샤모는</u> 일본에서 개량된 투계용 품종인 순종 샤모라는 닭을 기본으로,
아키타현의 토종닭인 히나이도리와 나고야종 등 7종의 닭을 교배시켜서 만든 검은색 닭이다.
<u>닭가슴살은</u> 담백한 맛이 특징인데, 스루가샤모의 닭가슴살은 특유의 씹는 맛과 감칠맛이 있다.
흔히 먹는 브로일러의 가슴살과는 차원이 다른 특별한 맛이다.
<u>여기서는</u> 다타키풍으로 구웠다. 처음에는 강불로 겉면만 굽고, 남은 열을 이용하여 익는 정도를 조절한다.
40% 정도 익히는 것이 좋다.

※ 브로일러_부화된지 8~10주 정도 된 영계. 주로 통닭구이용으로 소비된다.

꼬치를 꽂는다

1 닭날개가 붙어 있던 부분을 잘라내고 모
양을 정리한다.

2 오른쪽, 왼쪽, 가운데, 오른쪽에서 2번
째와 3번째, 왼쪽에서 2번째와 3번째 꼬치
를 순서대로 꽂는다.

소금을 뿌린다

굽기 직전에 양면에 소금을 살짝 뿌린다.
다리살은 지방이 많아서 소금을 뿌린 다음
잠시 그대로 두지만, 가슴살은 지방이 적어
서 소금맛이 잘 배기 때문에 바로 굽는다.

바삭하게 구워진 겉면의 열로 속까지 촉촉하게 익힌다.
소금과 와사비를 곁들인다.

1 빨갛게 달아오른 숯을 높이 쌓아서 강불을 만든다. 🔥**10**

2 부채로 부쳐서 불을 충분히 키운 다음, 껍질쪽부터 굽기 시작한다. 껍질만 굽는 느낌으로 굽는다. 🔥**10**

3 껍질쪽이 10% 정도 익으면 뒤집어서 살쪽도 10% 정도 익힌다. 🔥**10**

4 불세기가 1~2인 쪽으로 옮긴 다음, 뒤집어서 껍질쪽을 다시 10% 정도 익힌다. 🔥**1~2**

5 뒤집어서 살쪽도 10% 정도 익힌다. 🔥**1~2**

6 껍질쪽에 기름이 배어나오면 불세기 10으로 옮긴다. 뒤집어서 껍질쪽만 구워 기름을 제거한다. 🔥**10**

7 완성된 닭가슴살 구이. 위의 사진은 껍질쪽, 아래 사진은 살쪽. 소금과 와사비 간 것을 곁들이면 좋다.

닭고기 다리살

(스루가샤모)

스루가샤모는 고기의 탄력이 좋고, 쫄깃한 식감과 부드러운 풍미가 특징이다.

고기 맛이 진하므로 소금만 뿌리고 구워서 감칠맛을 강조하였다.

떨어지는 기름 때문에 생긴 연기로 훈연향이 닭고기에 밴다.

또한 껍질쪽 지방을 약불로 천천히 구워서 제거하면 고기 자체의 맛을 제대로 느낄 수 있다.

밑손질을 하고 소금을 뿌린다

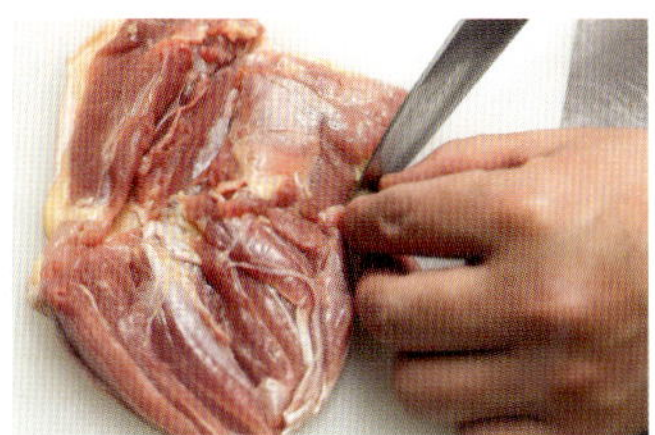

1 다리살 안쪽에 있는 지방을 잘라낸다.

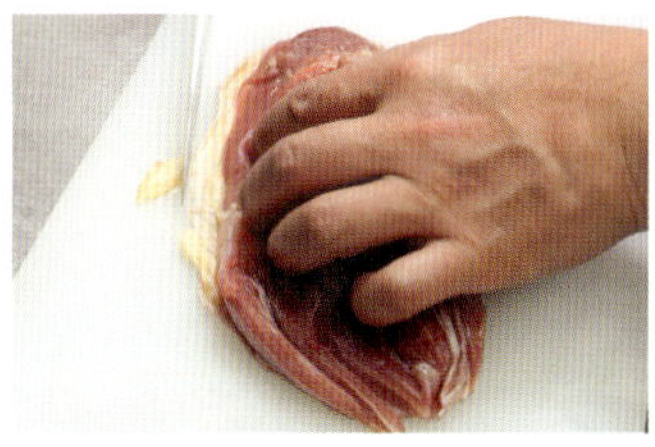

2 바깥쪽에 붙어 있는 지방도 잘라내고 모양을 정리한다. 여분의 지방도 적당히 제거한다. 1장이 93g.

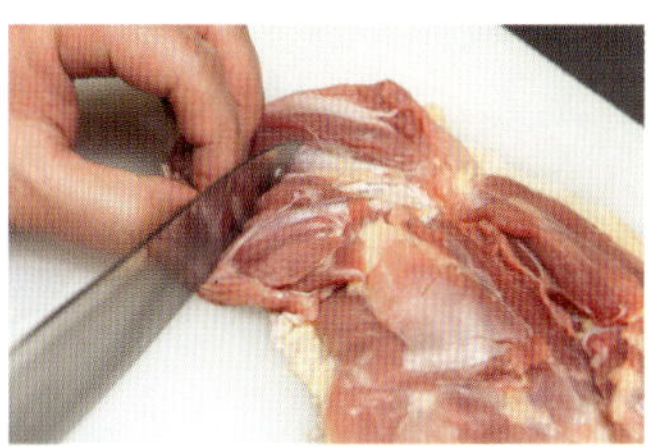

3 여러 개의 힘줄을 자른다. 자르지 않으면 가열할 때 오그라든다.

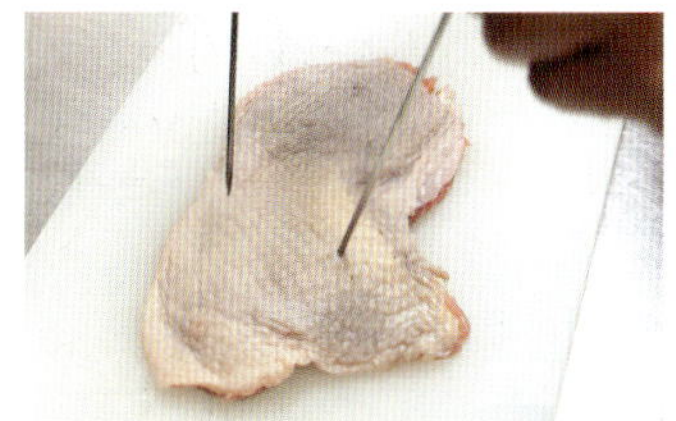

4 껍질쪽 전체에 쇠꼬치로 구멍을 골고루 내서, 맛이 잘 배고 빨리 익게 만든다. 껍질이 수축되는 것도 막아준다.

5 소금을 살짝 뿌린 다음 비닐랩을 씌우고 상온에 30분 동안 두어서 맛이 배게 한다. 사진은 30분이 지난 닭고기.

꼬치를 꽂는다

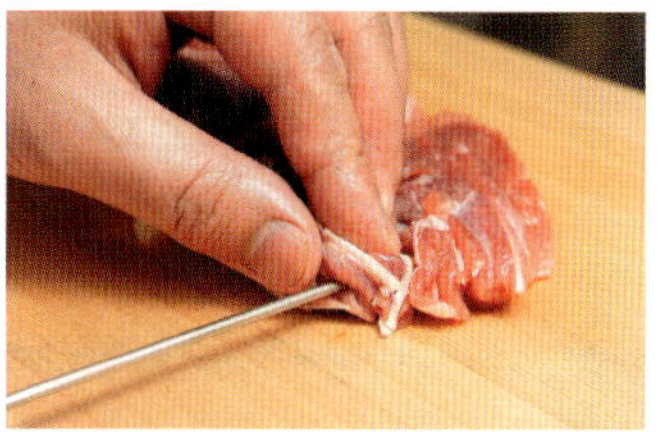

1 다리살이 흩어지지 않도록 근육 하나하나에 꼬치를 통과시킨다.

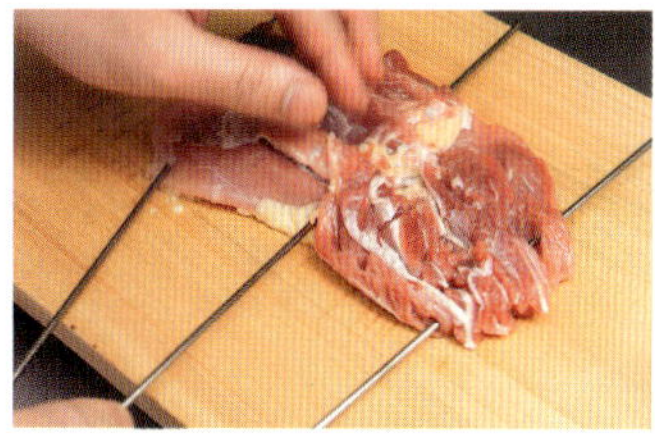

2 관절 근처에 꼬치를 꽂는다.

3 오른쪽, 왼쪽, 가운데, 그리고 꼬치 사이 사이에 1개씩 더 꽂는다. 꼬치의 개수는 다리살 크기에 따라 적당히 조절한다.

1 숯을 쌓아올려서 불세기를 10으로 조절하고, 껍질쪽부터 굽기 시작한다. 🖐10

2 기름과 수분이 떨어지기 때문에 화력이 약해지지 않도록 부채로 부치면서 굽는다. 🖐10

3 껍질쪽에 점점 구운 색이 나기 시작한다. 이 과정에서는 고기를 익힌다기보다 껍질을 굽는 느낌이다. 껍질에 구운 색을 좀 더 진하게 낸다. 🖐10

4 사진처럼 구운 색이 나면 불세기 4로 옮겨서 살쪽을 굽는다. 🖐4

5 고기 안에 남아 있는 지방이 전부 빠져나오도록 약불로 천천히 굽는다. 🖐4

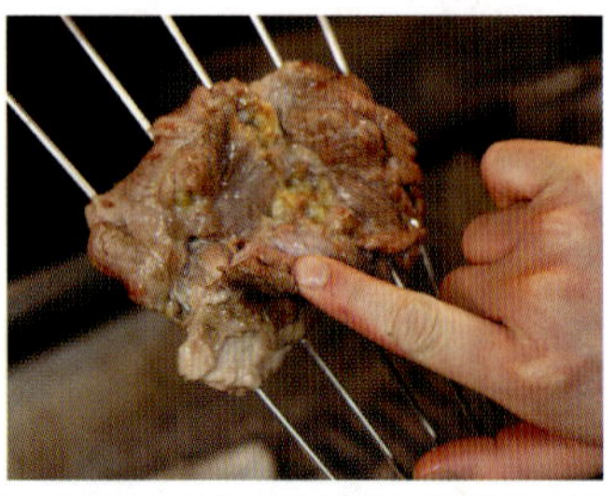

6 손가락으로 눌러서 탄력을 확인하고, 겹쳐진 부분을 들춰서 속까지 잘 익었는지 확인한다. 🖐4

7 익었으면 마무리 굽기를 시작한다. 불세기를 6으로 올리고 살쪽에 구운 색을 충분히 낸다. 🖐6

8 빨갛게 달아오른 숯을 쌓아올려서 불세기를 다시 10으로 올린다. 뒤집은 다음 껍질쪽에 배어나온 기름이 없어질 때까지 구워서 완성한다. 🖐10

9 완성된 닭다리살 구이. 위의 사진은 껍질쪽, 아래 사진은 살쪽이다.

풍부한 육즙과 진한 감칠맛,
씹는 느낌이 좋은 탄탄한 육질이 매력적이다.

닭고기 다리살

다리살 특유의 풍부한 육즙과 부드러움이 매력적이다.

스루가샤모(→ p.175)는 소금만 뿌려서 굽지만, 지방이 더 많은 다리살은 후추를 뿌려서 맛을 잡아준다.

살이 도톰하고 수분도 많기 때문에 잘 익도록 알루미늄포일을 덮고 약불로 천천히 찌듯이 구운 다음,

마지막에 강불로 겉면을 바삭하게 구워서 완성한다.

고기에서 배어나온 기름을 확실히 제거하고, 알루미늄포일을 덮어 훈연향이 고기에 잘 배게 한다.

'후지 니코니코 지도리[富士にこにこ地鷄]'라는 브랜드 닭을 사용하였다.

육즙이 풍부한 살에
바삭바삭한 껍질이 악센트.

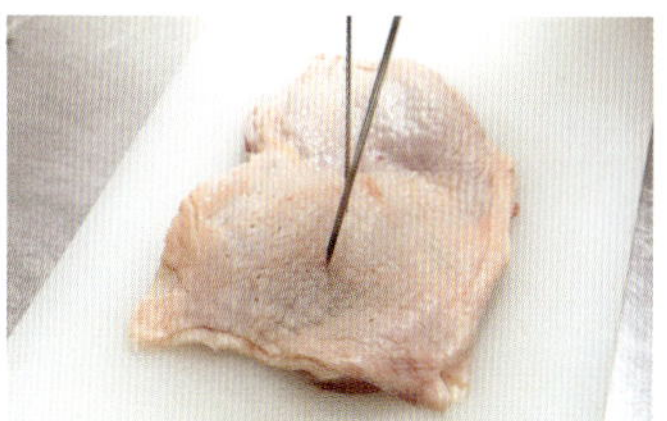

1 껍질에 쇠꼬치 또는 칼끝으로 구멍을 낸다. 구멍을 내면 맛이 잘 배고, 빨리 익으며, 껍질이 수축되는 것을 막을 수 있다.

2 트레이에 소금, 후추를 뿌리고 껍질쪽이 아래로 가게 올린 다음, 다시 소금, 후추를 뿌린다. 1시간 동안 상온에 둔다.

꼬치를 꽂는다

스루가샤모(→ p.175)와 같은 방법으로 꼬치를 7개 꽂는다. 크기에 따라 꼬치 개수를 조절한다.

굽는다

1 빨갛게 달군 숯을 쌓아올려서 강불로 조절한다. 🔥10

2 껍질쪽부터 굽기 시작한다. 🔥10

3 껍질에서 기름이 떨어져 연기가 나기 시작했다. 🔥10

4 사진처럼 구운 색이 나면 뒤집어서 살쪽을 굽는다. 불세기는 3~4로 약하게 조절한다. 🔥3~4

5 기름이 떨어지면 불꽃이 일어나기 쉬우므로, 알루미늄포일을 씌우기 전에 숯 위에 재를 덮어준다. 불꽃이 일어나면 그을음이 생겨서 맛이 떨어진다. 🔥3~4

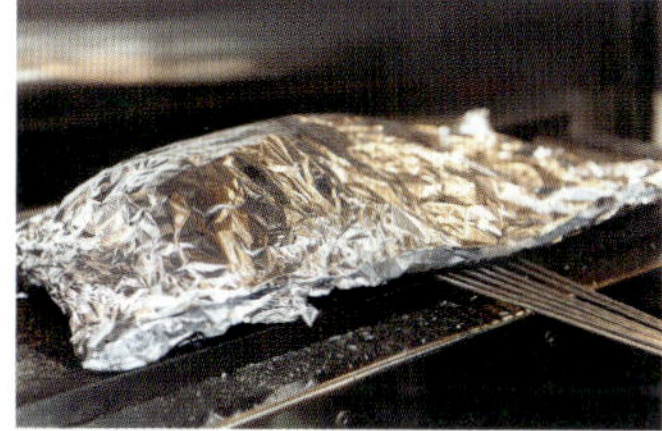

6 스루가샤모에 비해 살이 두툼하기 때문에 알루미늄포일을 씌운다. 몇 번 뒤집어주면서 천천히 찌듯이 굽는다. 중간에 가장 두꺼운 부분을 눌러서 익었는지 확인한다. 🔥3~4

7 익으면 마무리 굽기를 시작한다. 알루미늄포일을 벗겨내고 불세기를 10으로 올린 다음, 껍질쪽을 구워서 기름을 충분히 빼낸다. 기름이 남아 있으면 껍질이 바삭해지지 않는다. 🔥10

8 뒤집어서 살쪽에 고여 있는 기름도 제거한다. 🔥10

9 완성된 닭다리살 구이.

죽순

양념구이

 조린다 → 식힌다 → 굽는다 → 양념을 발라서 굽는다

다시마 국물에 살짝 조려서 담백하게 맛을 낸 죽순에 양념을 발라서 굽는다.

아침에 채취한 죽순이 아니라면, 담백하게 조린 다음 굽는 것이 훨씬 맛이 좋다.

속부터 부드럽게 찌듯이 구워지는 숯불구이만의 특별한 효과로,

자르는 순간 뜨거운 김이 빠져나가기 때문에 물기가 생기지 않고 맛도 잘 배기 때문이다.

도톰한 부분부터 익기 때문에 꼬치를 움직이거나 숯을 옮겨서 골고루 익힌다.

마지막에 다진 초피잎을 뿌려도 좋다.

죽순조림

죽순	4개(650g)
니반다시	2.5ℓ
다시마	15g
소금	10g
우스쿠치 간장	10cc
고이쿠치 간장	20cc
맛술	25cc
청주	100cc

※ 아린맛을 제거한 죽순과 니반다시, 다시마를 넣고 끓인다. 맛을 보면서 소금, 우스쿠치 간장, 고이쿠치 간장, 맛술, 청주를 순서대로 넣어서 맛을 낸다.

덧바르기 양념

맛술	3
청주	1
고이쿠치 간장	1.5

※ 맛술과 청주를 끓여서 알코올을 날린 다음, 식으면 간장을 넣어 섞는다.

조린다

1 조린 죽순은 냄비째 식혀서 조림국물과 함께 밀폐용기에 옮겨 담는다. 마르지 않도록 키친타월을 덮어 윗면까지 조림국물이 잘 배게 한다.

2 하룻밤 재운 죽순.

꼬치를 꽂는다

1 단단한 부분을 잘라내고 칼집을 내면 빨리 익는다. 죽순 두께의 30~40% 깊이로 칼집을 낸다.

2 먼저 가장 오른쪽에 1번째 꼬치를 꽂고 2번째는 가장 왼쪽에 꽂는다. 죽순 높이의 중간 정도에 꽂는다.

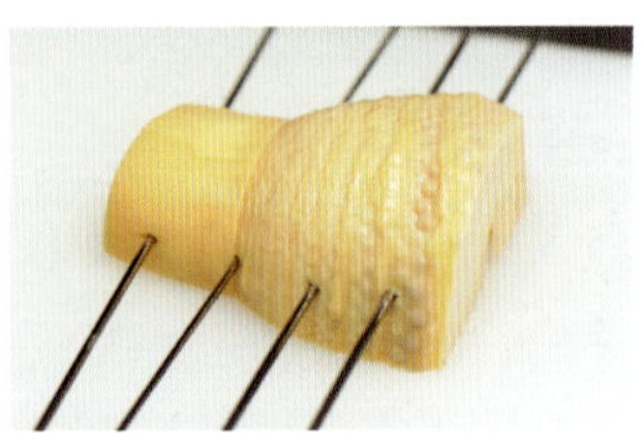

3 3번째는 오른쪽, 4번째는 왼쪽에 꽂는다. 꼬치는 결에 수직으로 꽂는데, 결대로 꽂으면 끝부분이 부스러지기 쉽다.

조림국물이 입안에서 천천히 퍼져나간다.

1 불세기를 7~8로 조절하고 껍질쪽부터 굽는다. 약불로 구우면 바싹 말린 것처럼 겉면의 수분이 빠져나간다. 🔥7~8

2 겉면이 점점 말라서 살짝 탄 자국이 생기면 뒤집어서 자른 면을 굽는다. 🔥7~8

3 솔로 덧바르기 양념을 껍질쪽에 바른다. 겉면이 마르지 않으면 양념이 잘 발라지지 않는다. 🔥7~8

4 죽순의 양끝부분은 다른 부위와 두께와 육질이 다르므로, 방향을 돌려서 굽거나 숯을 쌓아올려 골고루 익힌다. 🔥7~8

5 사진과 같은 정도로 탄 자국이 생기면 뒤집어서 껍질쪽을 굽는다. 🔥7~8

6 자른 면에 덧바르기 양념을 바른다. 양념이 숯에 떨어져서 생긴 연기에 죽순을 그을린다. 훈연향도 맛의 일부이므로, 잘 배게 한다. 🔥7~8

7 옆에서 보아도 껍질쪽이 많이 구워진 것을 알 수 있다. 🔥7~8

8 뒤집어서 껍질쪽에 덧바르기 양념을 바른다. 이 후 3~4번 뒤집어서 양면에 양념을 발라 노릇노릇하게 색을 낸다. 양념이 숯에 떨어지면 화력이 약해지므로 적당히 교체한다. 🔥7~8

9 사진과 같은 정도로 구운 색을 낸다. 🔥7~8

10 탄 자국에 윤기가 생기면 완성. 꼬치를 빼고 잘라서 접시에 담는다.

긴자 코주 주방의 스태프들과 함께
오른쪽부터 핫타 가즈야[八田 和哉], 엔도 미쓰히로[遠藤 光宏], 오쿠다 도루[奧田 透], 도자키 고[戸崎 剛], 야스이 야마토[安井 大和]

지은이 **오쿠다 도루** [奧田 透]

1969년 시즈오카현 시즈오카시 출생. 고등학교 졸업 후, 시즈오카의 '갓포료칸[割烹旅館]'에서 일본요리를 배우기 시작했다. 그 후 교토, 도쿠시마에서도 요리를 배우고, 1999년 고향인 시즈오카로 돌아와 시내에 일식요리점 '슌카슈토 하나미코지[春夏秋冬 花見小路]'를 열었다.

2003년에는 더 큰 도약을 위해 도쿄 긴자에 '긴자 코주[銀座 小十]'를 열었고, 긴자 코주는 2007년 미슐랭 가이드에서 최고점인 별 3개를 받았다. 계속해서 2010년 긴자 7초메에 '스시카쿠토[鮨かくとう]'를, 2011년 긴자 5초메에 '긴자 오쿠타[銀座 奧田]'를 열었고, 같은 해에 긴자 오쿠타는 긴자 코주에 이어 미슐랭 가이드에서 별 2개를 받았다. 2012년에는 긴자 오쿠타와 같은 빌딩 4층으로 긴자 코주를 확장·이전하였다.

지은 책으로 『생선요리_어패류로 만드는 일본요리(공저)』, 『세계에서 가장 작은 3스타 음식점』, 『제대로 정통 cooking 정말 맛있게 만드는 일식』이 있다.

긴자 코주 [銀座 小十]
104-0061
도쿄도 주오구 긴자 5초메 4-8 카리오카 빌딩 4층
[東京都 中央区 銀座 5丁目 4-8 カリオカビル 4F]
전화 : 03-6215-9544

긴자 오쿠타 [銀座 奧田]
104-0061
도쿄도 주오구 긴자 5초메 4-8 카리오카 빌딩 B1층
[東京都 中央区 銀座 5丁目 4-8 カリオカビル B1]
전화 : 03-5537-3338

파리 오쿠다 (PARIS OKUDA)
7. Rue de la Trémoille, Paris 75008 France
전화 : +33 (0)1 40 70 19 19
E-mail : info@okuda.fr

손질부터 굽기까지
재료별 숯불구이의 비밀

굽기의 기술

펴낸이	유재영	기획	이화진
펴낸곳	그린쿡	편집	박선희
지은이	오쿠다 도루	디자인	임수미
옮긴이	용동희		

1판 1쇄 2017년 6월 10일
1판 6쇄 2024년 3월 15일

출판등록 1987년 11월 27일 제10-149

주소 04083 서울 마포구 토정로 53(합정동)
전화 324-6130, 324-6131
팩스 324-6135
E-메일 dhsbook@hanmail.net
홈페이지 www.donghaksa.co.kr
 www.green-home.co.kr
페이스북 www.facebook.com/greenhomecook
인스타그램 www.instagram.com/__greencook

ISBN 978-89-7190-590-6 13590

• 이 책은 실로 꿰맨 사철제본으로 튼튼합니다.
• 잘못된 책은 구매처에서 교환하시고, 출판사 교환이 필요할 경우에는
  사유를 적어 도서와 함께 위의 주소로 보내주세요.

옮긴이 _ 용동희
다양한 분야를 넘나들며 활동하는 푸드디렉터. 메뉴개발, 제품분석, 스타일링 등 활발한 활동을 이어가고 있다. 현재
콘텐츠 그룹 CR403에서 요리와 스토리텔링을 담당하고 있으며, 그린쿡과 함께 일본 요리책을 한국에 소개하는 요리 전문
번역가로도 활동하고 있다.

일본 스태프 _ 사진 오야마 유헤이, **디자인** 나카무라 요시로(yen), **편집** 사토 준코

GREENCOOK은 최신 트렌드의 디저트, 브레드, 요리는 물론 세계 각국의 정통 요리를 소개합니다.
국내 저자의 특색 있는 레시피, 세계 유명 셰프의 쿡북, 한국·일본·영국·미국·이탈리아·프랑스 등 각국의 전문요리서 등을 출간합니다.
요리를 좋아하고, 요리를 공부하는 사람들이 늘 곁에 두고 보고 싶어하는 요리책을 만들려고 노력합니다.

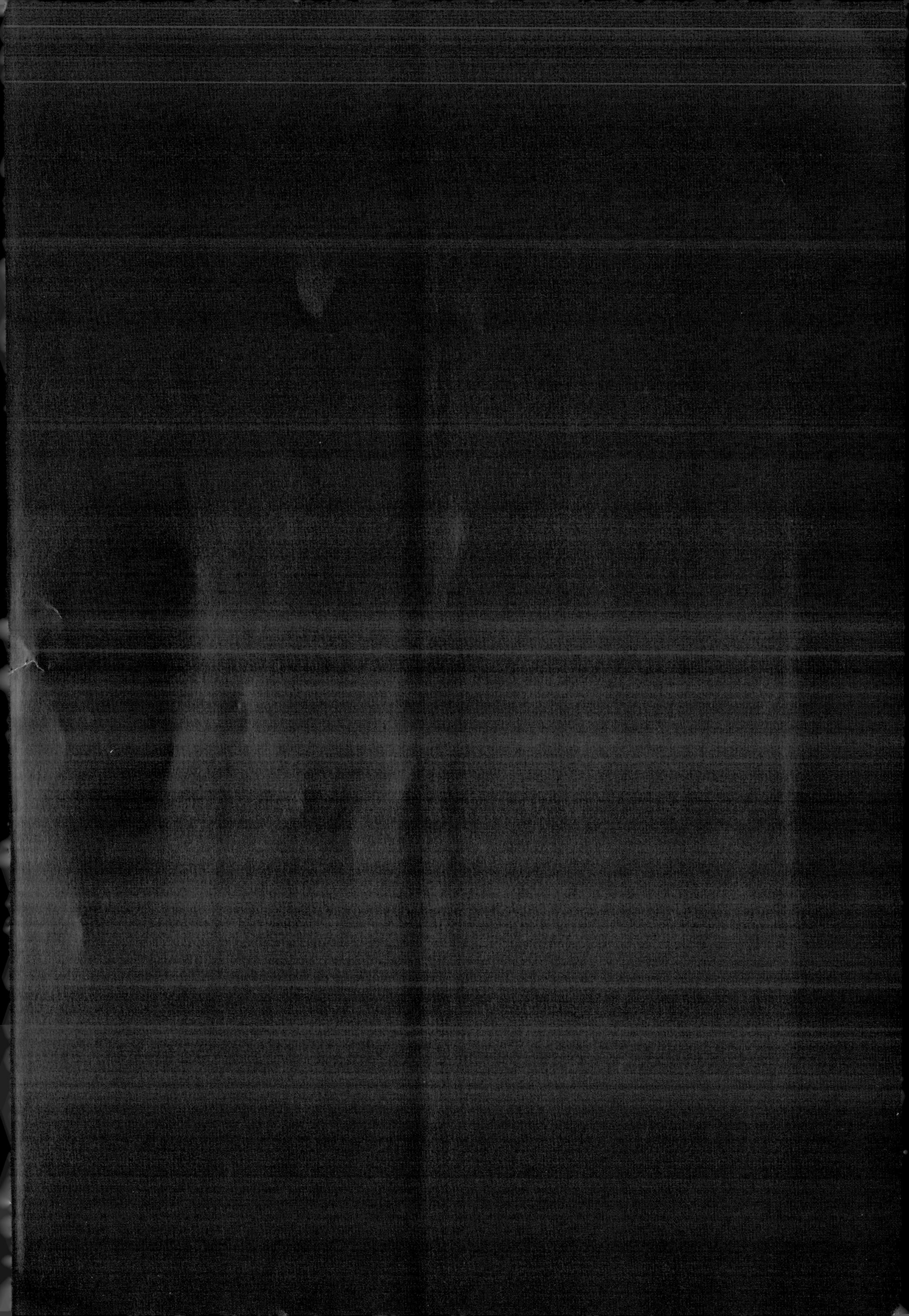

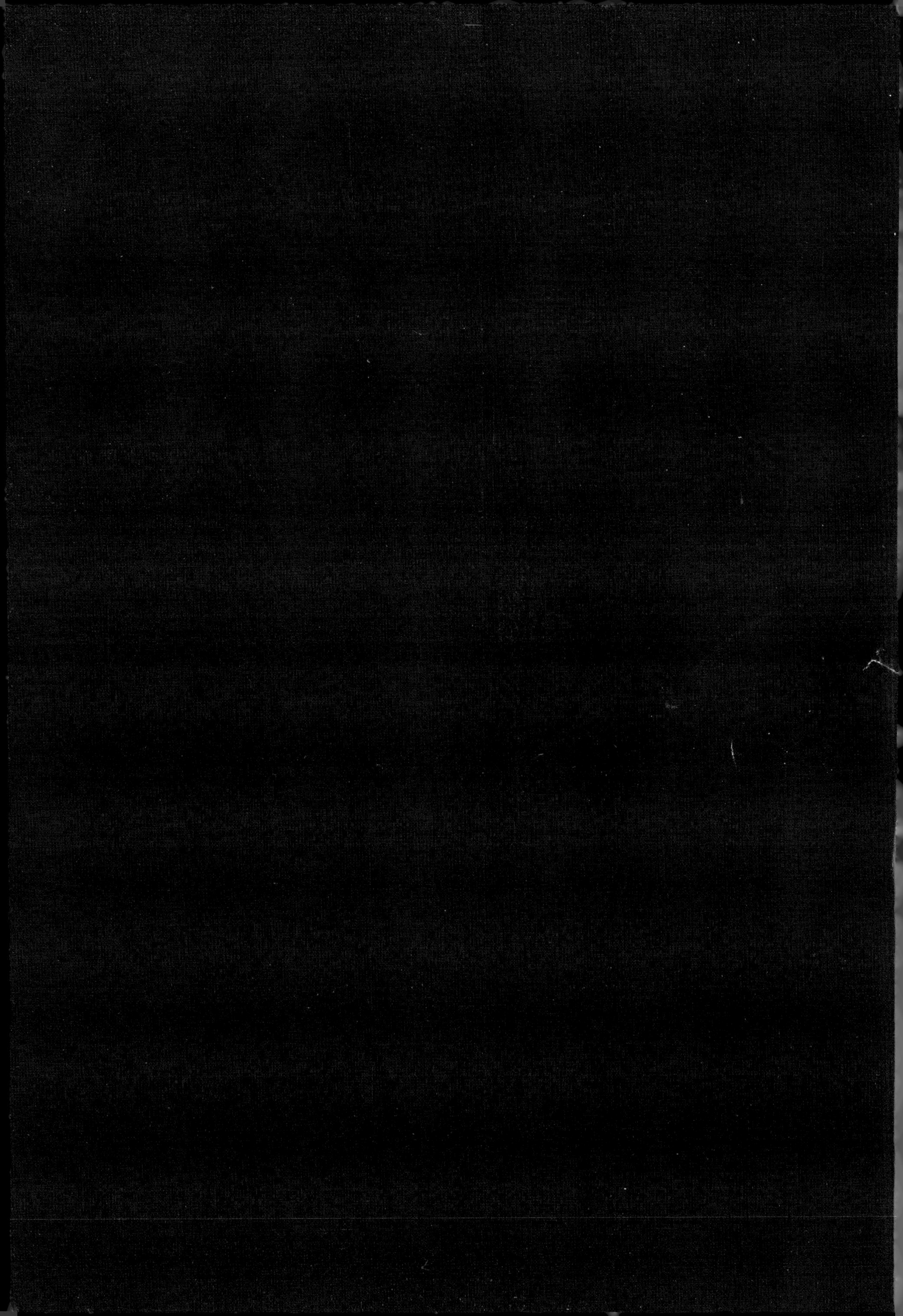